환경 분석의 기초

물과 토양의 원소 분석

현장에서 필요한

환경 분석의 기초

물과 토양의 원소 분석

히라이 쇼지 감수 / 사단법인 일본분석화학회 편저 / 박성복 감역 / 오승호 옮김

BM (주)도서출판 **성안당**

日本 옴사 · 성안당 공동 출간

머리말

최근 분석화학을 둘러싸고 사회의 많은 분야에서 분석방법의 고감도화와 동시에 분석값의 신뢰성을 요구하게 되었다. 그 사회적 배경에는 우리가 지속적으로 안전하게 생활할 수 있도록 하는 것이 사회생활을 영위하는 데 중요하다고 인식되어 왔기 때문이다. 특히 우리의 생활과 밀접하게 관계하는 환경분석 분야에서 어느 특정 화학물질이나 원소이온이 체내에 흡수되면 미량이어도 악영향을 미쳐 안전한 생활을 영위할 수 없게 된다는 것이 최근의 연구에 의해 밝혀져 건강 리스크의 평가를 위해서 규제 기준의 저감화가 꾀해지게 되었다. 또, 이러한 요구를 만족시키는 분석기기도 제조사에 의해 개량·개발되어 사용자에게 공급되게 되었다. 더욱이 분석기기에서 출력된 분석값의 신뢰성에 대해서도 엄격한 기준을 요구하고 있다.

이와 같이 일반사회에서는 보다 낮은 수준의 물질을 높은 신뢰성으로 분석할 수 있기를 바라고 있지만, 실제 분석 현장에서는 인력 절감과 비용 절감이라는 명목하에 충분한 교육이나 연수 없이 분석작업이 이루어지고 있다. 최근의 분석기기 상당수는 컴퓨터와 연동되어 누구나 간단하게 조작할 수 있게 되었다. 이런 환경에서 산출된 분석값은 과연 신뢰성이 높을 것인가 하는데, 그 대답은 명백하다. 환경분석에 한정하지 않고 모든 분석의 신뢰성을 확보하는 제도로서 시험소 인정제도가 생겨났다. 이 제도는 품질관리시스템과 분석기술시스템으로 구성되며, 이 제도가 요구하는 사항을 만족해 제3자 기관인 인정기관으로부터 인정을 받아야 신뢰성이 높은 분석값을 사회에 제공할 수 있는 필요조건이 되었다. 당연히 인정받은 분석기관에서는 분석에 종사하는 인력을 대상으로 교육이나 연수를 매년 실시하고 있다.

환경분석에 있어서는 고체, 액체, 기체가 있지만 이 책에서는 액체 중의 무기원소의 정량분석에 특화해 기술하였다. 즉, 환경수 중의 유해원소 분석이나 토양오염물질의 용출시험에 대응할 수 있도록, 또한 많은 사용자가 분석을 실시할 수 있도록 원자흡광 분석법, ICP 발광 분광법 및 ICP 질량 분석법의 세 가지 분석법에 초점을 맞추고 있으며, 각 분석법의 원리와 물분석 응용 예 및 토양분석 응용 예 등을 구체적으로 소개하고 있다. 전술한 것처럼, 분석기의 개량·개발은 눈부실 만큼의 진보가 보여지지만 그 진보에 수반한 분석법의 참고문헌은 출간되고 있지 않은 만큼 이 책이 도움이 되길 바란다.

이 책은 환경분석이라는 제목이 붙어 있지만 환경분야에 한정하지 않고 무기원소를 원자흡광 분석법, ICP 발광 분광법 및 ICP 질량 분석법에 의해 정량하고자 하는 사용자에게도 적격인 책일 것이다. 덧붙여 본서는 공익사단법인 일본분석화학회 분석신뢰성협의회에서 기획되어 호평을 얻고 있는 「물 속의 미량금속 분석 기술 세미나」의 텍스트 및 「토양분석 기술 세미나」의 텍스트 일부를 편집해 정리한 것이다.

마지막으로 세미나 개최에 도움을 준 가와토 노리다카 씨와 미우라 다카시 씨를 비롯한 공익사단법인 일본분석화학회 사무국 직원 분들 및 본서 발행을 주선해 주신 옴사 출판국 분들에게 깊이 감사 말씀드린다.

히라이 쇼지

차례

7장 분석 신뢰성

8장 **환경분석의 문제점과 향후 동향**

1장

환경분석의 필요성

대기, 물, 토양, 퇴적물, 폐기물, 지표생물 등 다양한 환경 매체 속 화학물질의 정성·정량을 실시하는 환경분석은 학술연구 목적으로 행해지기도 하지만, 가장 일반적인 것은 각종 환경관련 법규에 근거해 환경오염의 현황 및 배출원으로부터의 오염 발생량을 밝히기 위한 것일 것이다.

환경분석과 관계되는 주요 법적 배경으로는 대기오염방지법(1968년 공포), 수질오탁방지법(1970년 공포), 도양오염대책법(2002년 공포), 다이옥신류 대책 특별조치법(1999년) 등을 들 수 있다. 환경기준이란 환경기본법(1993년 공포)에서 결정된 기준으로, 사람의 건강 보호 및 생활환경의 보전에 있어 유지되는 바람직한 기준이라고 정의되어 있다(공해대책기본법으로부터 계승).

2007년 현재, 대기, 수질, 토양 및 다이옥신류에 대해 설정되어 있는 (표 1.1~표 1.5)의 내용 외에 소음에 대해서도 환경기준이 설정되어 있다. 이것들은 어디까지나 '유지되는 것이 바람직한 기준'이며, 행정 목표로 자리매김되어 기준을 달성하지 못한 경우에 벌칙이 있는 것은 아니다.

표 1.1 대기 환경기준

항목	기준 등
이산화황	1시간 값의 1일 평균값이 0.04ppm 이하이며, 1시간 값이 0.1ppm 이하일 것
일산화탄소	1시간 값의 1일 평균값이 10ppm 이하이며, 1시간 값의 8시간 평균값이 20ppm 이하일 것
부유 입자상 물질	1시간 값의 1일 평균값이 0.10mg/m³ 이하이며, 1시간 값이 0.20mg/m³ 이하일 것
광화학 옥시던트	1시간 값이 0.06ppm 이하일 것
이산화질소	1시간 값의 1일 평균값이 0.04ppm에서 0.06ppm까지의 범위 내 또는 그 이하일 것
벤젠	1년 평균값이 0.003mg/m³ 이하일 것
트리클로로에틸렌	1년 평균값이 0.2mg/m³ 이하일 것
테트라클로로에틸렌	1년 평균값이 0.2mg/m³ 이하일 것
디클로로메탄	1년 평균값이 0.15mg/m³ 이하일 것

표 1.2 수질 환경기준(사람의 건강보호에 관한 환경기준)

항목	기준값
카드뮴	0.01mg/L 이하
전시안	검출되지 않을 것
납	0.01mg/L 이하
6가 크롬	0.05mg/L 이하
비소	0.01mg/L 이하
총수은	0.0005mg/L 이하
알킬수은	검출되지 않을 것
PCB	검출되지 않을 것
디클로로메탄	0.02mg/L 이하
사염화탄소	0.002mg/L 이하
1,2-디클로로에탄	0.004mg/L 이하
1,1-디클로로에틸렌	0.02mg/L 이하
시스-1,2-디클로로에틸렌	0.04mg/L 이하
1,1,1-트리클로로에탄	1mg/L 이하
1,1,2-트리클로로에탄	0.006mg/L 이하
트리클로로에틸렌	0.03mg/L 이하
테트라클로로에틸렌	0.01mg/L 이하
1,3-디클로로프로판	0.002mg/L 이하
튜람	0.006mg/L 이하
시마진	0.003mg/L 이하
티오벤카브	0.02mg/L 이하
벤젠	0.01mg/L 이하
셀레늄	0.01mg/L 이하
질산성 질소 및 아질산성 질소	10mg/L 이하
불소	0.8mg/L 이하
붕소	1mg/L 이하

표 1.3 수질 환경기준(생활환경 보전에 관한 환경기준)

1. 하천(호소를 제외)

유형	이용 목적의 적응성	기준값				
		pH	BOD	SS	DO	대장균군수
AA	수도 1급 자연환경 보전 및 A 이하의 란에서 언급한 것	6.5 이상 8.5 이하	1mg/L 이하	25mg/L 이하	7.5mg/L 이상	50MPN/ 100mL 이하
A	수도 2급 수산 1급 수욕 및 B 이하의 란에 서 언급한 것	6.5 이상 8.5 이하	2mg/L 이하	25mg/L 이하	7.5mg/L 이상	1000MPN/ 100mL 이하
B	수도 3급 수산 2급 및 C 이하의 란에서 언급한 것	6.5 이상 8.5 이하	3mg/L 이하	25mg/L 이하	5mg/L 이상	5000MPN/ 100mL 이하
C	수산 3급 공업용수 1급 및 D 이하 의 란에서 언급한 것	6.5 이상 8.5 이하	5mg/L 이하	50mg/L 이하	5mg/L 이상	
D	공업용수 2급 농업용수 및 E의 란에서 언급한 것	6.0 이상 8.5 이하	8mg/L 이하	100mg/L 이하	2mg/L 이상	
E	공업용수 3급 환경보전	6.0 이상 8.5 이하	10mg/L 이하	쓰레기 등의 부유가 인정 되지 않는 것	2mg/L 이상	

BOD : Biochemical Oxygen Demand, 생물화학적 산소요구량
SS : Suspended Solid, 현탁물질
DO : Dissolved Oxygen, 용존 산소
MPN : Most Probable Number, 최확수

유형	수생생물의 생식 상황 적응성	기준값 총 아연
생물 A	곤들매기, 태평양 연어 등 비교적 저온 영역을 좋아하는 수생생물 및 이러한 먹이생물이 생식하는 수역	0.03mg/L 이하
생물특 A	생물 A의 수역 가운데, 생물 A 란에 언급한 수생생물의 산란장 (번식장) 또는 치어의 생육장으로서 특별히 보전이 필요한 수역	0.03mg/L 이하
생물 B	잉어, 붕어 등 비교적 고온을 좋아하는 수생생물 및 이들의 먹이 생물이 생식하는 수역	0.03mg/L 이하
생물특 B	생물 B의 수역 가운데, 생물 B 란에 언급한 수생생물의 산란장 (번식장) 또는 치어의 생육장으로서 특별히 보전이 필요한 수역	0.03mg/L 이하

표 1.3 계속

2. 호소

(천연 호소 및 저수량이 1000만m³ 이상이며, 물의 체류시간이 4일 이상인 인공호수)

유형	이용 목적의 적응성	기준값				
		pH	COD	SS	DO	대장균군수
AA	수도 1급 수산 1급 자연환경 보전 및 A 이하의 란에서 언급한 것	6.5 이상 8.5 이하	1mg/L 이하	1mg/L 이하	7.5mg/L 이상	50MPN/ 100mL 이하
A	수도 2, 3급 수산 2급 수욕 및 B 이하의 란에서 언 급한 것	6.5 이상 8.5 이하	3mg/L 이하	5mg/L 이하	7.5mg/L 이상	1000MPN/ 100mL 이하
B	수도 3급 공업용수 1급 농업용수 및 C 란에서 언급한 것	6.5 이상 8.5 이하	5mg/L 이하	15mg/L 이하	5mg/L 이상	–
C	공업용수 2급 환경보전	6.0 이상 8.5 이하	8mg/L 이하	쓰레기등의 부유가 인정 되지 않는 것	2mg/L 이상	–

COD : Chemical Oxygen Demand, 화학적 산소요구량

유형	이용 목적의 적응성	기준값	
		총질소	총인
I	자연환경 보전 및 II 이하의 란에서 언급한 것	0.1mg/L 이하	0.005mg/L 이하
II	수도 1, 2, 3급(특수한 것 제외) 수산 1종 수욕 및 III 이하의 란에서 언급한 것	0.2mg/L 이하	0.01mg/L 이하
III	수도 3급(특수한 것) 및 IV 이하의 란에서 언급한 것	0.4mg/L 이하	0.03mg/L 이하
IV	수산 2종 및 V 란에서 언급한 것	0.6mg/L 이하	0.05mg/L 이하
V	수산 3급 공업용수 농업용수 환경보전	1mg/L 이하	0.1mg/L 이하

표 1.3 계속

유형	수생생물의 생식 상황의 적응성	기준값 총 아연
생물 A	곤들매기, 연어 매스 등 비교적 저온 영역을 좋아하는 수생생물 및 이들의 먹이생물이 생식하는 수역	0.03mg/L 이하
생물특 A	생물 A의 수역 가운데 생물 A 란에서 언급한 수생생물의 산란장 (번식장) 또는 치어의 생육장으로서 특별히 보전이 필요 수역	0.03mg/L 이하
생물 B	잉어, 붕어 등 비교적 고온 영역을 좋아하는 수생생물 및 이들의 먹이생물이 생식하는 수역	0.03mg/L 이하
생물특 B	생물 B의 수역 가운데, 생물 B 란에서 언급한 수생생물의 산란장 (번식장) 또는 치어의 생육장으로서 특별히 보전이 필요 수역	0.03mg/L 이하

3. 해역

유형	이용 목적의 적응성	기준값				
		pH	COD	DO	대장균군수	n-헥산 추출물
A	수산 1급, 수욕 자연환경 보전 및 B 이하의 란에서 언급한 것	7.8 이상 8.3 이하	2mg/L 이하	7.5mg/L 이상	1000 MPN/ 100mL 이하	검출되지 않을 것
B	수산 2급 공업용수 및 C 란에서 언급한 것	7.8 이상 8.3 이하	3mg/L 이하	5mg/L 이상	–	검출되지 않을 것
C	환경보전	7.0 이상 8.3 이하	8mg/L 이하	2mg/L 이상	–	–

유형	이용 목적의 적응성	기준값	
		총질소	총인
I	자연환경 보전 및 II 이하의 란에서 언급한 것 (수산 2종 및 3종을 제외)	0.2mg/L 이하	0.02mg/L 이하
II	수산 1종 수욕 및 II 이하의 란에서 언급한 것 (수산 2종 및 3종을 제외)	0.3mg/L 이하	0.03mg/L 이하
III	수산 2종 및 IV 란에서 언급한 것 (수산 3종을 제외)	0.6mg/L 이하	0.05mg/L 이하
IV	수산 3종 공업용수 생물 생식 환경보전	1mg/L 이하	0.09mg/L 이하

표 1.3 계속

유형	수생생물의 생식 상황 적응성	기준값 총 아연
생물 A	수생생물이 생식하는 수역	0.02mg/L 이하
생물특 A	생물 A의 수역 중 수생생물의 산란장(번식장) 또는 치어의 생육장으로서 특별히 보전이 필요한 수역	0.01mg/L 이하

표 1.4 토양 환경기준

항목	기준값
카드뮴	검액 1L에 대해 0.01mg/L 이하인 것
전시안	검액 중에 검출되지 않을 것
유기인	검액 중에 검출되지 않을 것
납	검액 1L에 대해 0.01mg/L 이하일 것
6가 크롬	검액 1L에 대해 0.05mg/L 이하일 것
비소	검액 1L에 대해 0.01mg/L 이하일 것
총수은	검액 1L에 대해 0.0005mg/L 이하일 것
알킬수은	검액 중에 검출되지 않을 것
PCB	검액 중에 검출되지 않을 것
디클로로메탄	검액 1L에 대해 0.02mg/L 이하일 것
사염화탄소	검액 1L에 대해 0.002mg/L 이하일 것
1,2-디클로로에탄	검액 1L에 대해 0.004mg/L 이하일 것
1,1-디클로로에틸렌	검액 1L에 대해 0.02mg/L 이하일 것
시스-1,2-디클로로에틸렌	검액 1L에 대해 0.04mg/L 이하일 것
1,1,1-트리클로로에탄	검액 1L에 대해 1mg/L 이하일 것
1,1,2-트리클로로에탄	검액 1L에 대해 0.006mg/L 이하일 것
트리클로로에틸렌	검액 1L에 대해 0.03mg/L 이하일 것
테트라클로로에틸렌	검액 1L에 대해 0.01mg/L 이하일 것
1,3-디클로로프로판	검액 1L에 대해 0.002mg/L 이하일 것
튜람	검액 1L에 대해 0.006mg/L 이하일 것
시마진	검액 1L에 대해 0.003mg/L 이하일 것
티오벤카브	검액 1L에 대해 0.02mg/L 이하일 것
벤젠	검액 1L에 대해 0.01mg/L 이하일 것
셀레늄	검액 1L에 대해 0.01mg/L 이하일 것
불소	검액 1L에 대해 0.8mg/L 이하일 것
붕소	검액 1L에 대해 1mg/L 이하일 것

표 1.5 다이옥신류의 환경기준

매체	기준값
대기	0.6pg-TEQ/m³ 이하
수질(물밑 퇴적물을 제외한다)	1pg-TEQ/L 이하
물밑의 저질	150pg-TEQ/g 이하
토양	1000pg-TEQ/g 이하

TEQ : Toxicity Equivalency Quantity, 독성 등량

이러한 환경기준의 달성 상황을 파악하기 위해서 각 도도부현 지사는 공공용 수역과 대기의 오염 상황을 감시해, 그 결과를 국가에 보고하는 것이 수질오탁방지법, 대기오염방지법하에서 의무화되어 있다. 기준을 초과했을 경우에는 그 원인을 찾아 대책을 강구하는 일련의 행정적 대응의 계기가 된다.

또, 대기나 공공용 수역에 오염을 배출하는 사업소 등(별도 각 법에서 지정)에 대해서는 환경기준과는 별도로 수질오탁방지법·대기오염방지법하에서 환경성령에 의해 배출기준이 설정되어 사업소 등에서 배출하는 가스·폐수에 대해 배출기준이 준수되고 있는지를 감시하게 되어 있다.

대기에 대해서는 황산화물, 매진, 질소산화물 등에 대해서 업종, 지역, 사업소 규모 등에 따라 세분화되어 각각 배출기준값이 설정되어 있다. 표 1.6에 수질의 배출기준(배수기준)을 나타냈다. 목푯값인 환경기준과 달리 정해진 배출기준을 초과할 우려가 있을 때는 도도부현 지사로부터 해당 사업소에 개선명령이 발령되고, 경우에 따라서는 조업정지 조치도 있을 수 있다. 이와 같이 대기와 수질에 대해서는 오염을 예방함으로써 국민의 건강을 보호하고 생활환경을 보전하기 위해 감시를 하고 있으며, 이 감시를 전면적으로 담당하는 것이 대기나 수질의 환경분석이다. 한편 2002년에 공포된 토양오염대책법은 '토양오염을 미리 막기 위해서가 아니라 적기에 적절히 토양오염의 상황을 파악해 토양오염에 의한 사람의 건강피해를 방지하는 것'을 목적으로 하고 있다.

이 법률에서 오염의 유무 판정, 오염이 있는 경우 그 확산의 조사, 오염제거 방법 선정을 위한 조사, 오염제거 조치 완료 후의 모니터링 등 오염을 발견하고 조치가 완료될 때까지 법률 운용의 다양한 국면에서 환경분석(토양분석과 지하수분석)을 하고, 그 결과에 근거해 다음 단계로 넘어간다. 표 1.7에는 토양오염대책법에 있어서의 토양의 용출량 기준값, 제2 용출량 기준값(오염제거 조치 방법의 선정에 걸리는 기준), 함유량 기준값을 일람했다.

표 1.6 폐수기준

항목	허용한도
카드뮴 및 그 화합물	0.1mg/L
시안 화합물	1mg/L
유기인(파라티온, 메틸파라티온, 메틸디메톤 및 EPN에 한정)	1mg/L
납 및 그 화합물	0.1mg/L
6가 크롬 화합물	0.5mg/L
비소 및 그 화합물	0.1mg/L
수은 및 알킬수은 기타 수은 화합물	0.005mg/L
알킬수은 화합물	검출되지 않을 것
PCB	0.003mg/L
디클로로메탄	0.2mg/L
사염화탄소	0.02mg/L
1,2-디클로로에탄	0.04mg/L
1,1-디클로로에틸렌	0.2mg/L
시스1,2-디클로로에틸렌	0.4mg/L
1,1,1-트리클로로에탄	3mg/L
1,1,2-트리클로로에탄	0.06mg/L
트리클로로에틸렌	0.3mg/L
테트라클로로에틸렌	0.1mg/L
1,3-디클로로프로판	0.02mg/L
튜람	0.06mg/L
시마진	0.03mg/L
티오벤카브	0.2mg/L
벤젠	0.1mg/L
셀레늄 및 그 화합물	0.1mg/L
불소 및 그 화합물	8mg/L(해역 이외의 공공용 수역에 배출되는 것) 15mg/L(해역에 배출되는 것)
붕소 및 그 화합물	10mg/L(해역 이외의 공공용 수역에 배출되는 것) 230mg/L(해역에 배출되는 것)
암모니아, 암모늄 화합물, 아질산 화합물, 질산 화합물	1L에 대해 암모니아성 질소에 0.4를 곱한 것. 아질산성 질소, 질산성 질소의 합계 100mg/L

표 1.7 토양오염대책법의 용출량 기준 및 함유량 기준

항목	용출량 기준	제2 용출량 기준	함유량 기준
사염화탄소	0.002mg/L	0.02mg/L	–
1,2–디클로로에탄	0.004mg/L	0.04mg/L	–
1,1–디클로로에틸렌	0.02mg/L	0.2mg/L	–
시스–1,2–디클로로에틸렌	0.04mg/L	0.4mg/L	–
1,3–디클로로프로판	0.002mg/L	0.02mg/L	–
디클로로메탄	0.02mg/L	0.2mg/L	–
테트라클로로에틸렌	0.01mg/L	0.1mg/L	–
1,1,1–트리클로로에탄	1mg/L	3mg/L	–
1,1,2–트리클로로에탄	0.006mg/L	0.06mg/L	–
트리클로로에틸렌	0.03mg/L	0.3mg/L	–
벤젠	0.01mg/L	0.1mg/L	–
카드뮴 및 그 화합물	0.01mg/L	0.3mg/L	150mg/kg
6가 크롬 화합물	0.05mg/L	1.5mg/L	250mg/kg
시안 화합물	검출되지 않을 것	1mg/L	50mg/kg 유리 시안으로서
수은 및 그 화합물	0.0005mg/L 알킬수은이 검출 되지 않을 것	0.005mg/L 알킬수은이 검출 되지 않을 것	15mg/kg
셀레늄 및 그 화합물	0.01mg/L	0.3mg/L	150mg/kg
납 및 그 화합물	0.01mg/L	0.3mg/L	150mg/kg
비소 및 그 화합물	0.01mg/L	0.3mg/L	150mg/kg
불소 및 그 화합물	0.8mg/L	24mg/L	4000mglkg
붕소 및 그 화합물	1mg/L	30mg/L	4000mg/kg
시마진	0.003mg/L	0.03mg/L	–
티오벤카브	0.02mg	0.2mg/L	–
튜람	0.006mg/L	0.06mg/L	–
PCB	검출되지 않을 것	0.003mg/L	–
유기인 화합물(파라티온, 메틸파라티온, 메틸디메톤, EPN)	검출되지 않을 것	1mg/L	–

표 1.7 계속

농용지 토양오염과 관련되는 기준	
카드뮴	쌀 1kg에 대해 1mg 미만인 것
비소	토양 1kg에 대해 15mg 미만인 것
구리	토양 1kg에 대해 125mg 미만인 것

이러한 기준값은 오염 유무, 조치 방법 선정 등을 판정하는 것일 뿐 초과했을 경우에 벌칙이 있는 성질의 것은 아니다.

법률의 틀 안에서 행해지는 환경분석의 결과도 사회·경제적인 의미는 매우 크다. 예를 들면 배출가스나 폐수가 배출기준에 적합하지 않음에도 불구하고 환경분석에 의해 '적합하다'고 판단이 내려졌을 경우, 해당 사업소는 오염 배기가스나 폐수를 계속 배출해 환경오염이 확산되어 사람들의 건강을 위협할 수도 있다. 반대로 잘못된 환경분석의 결과 '기준에 적합하지 않다'고 판단이 내려졌을 경우에는 시설 설비의 점검·개선뿐만 아니라, 전술한 바와 같이 경우에 따라서는 해당 사업소의 조업정지도 있을 수 있다. 혹은 토양오염대책법의 오염조사에서 잘못해서 '오염 있음'이 되면 거기에 연계되는 상세조사나 오염제거 조치 등에 토지 소유자나 오염 원인자가 막대한 지출을 하게 된다.

이러한 경우는 사업자나 소유자에게 불필요한 큰 경제적 부담을 강요하게 된다. 환경분석은 잘못해서 '기준에 적합하다', '기준에 적합하지 않다' 중 어느 한 쪽으로 결론을 내면 사회경제적으로 큰 혼란을 부를 가능성이 있다. 때문에 법률의 틀 안에서 행해지는 환경분석의 방법에 대해서는 국가가 기준값과 함께 상세한 분석법까지 고시하고 그 방법에 근거한 분석결과만을 채용한다. 고시법은 사전에 정확도나 정밀도에 대해 상세한 검토를 한 신뢰성이 높은 분석법으로, 현재 상태로서는 관련하는 JIS에 준하는 것이 많다.

그러나 분석법으로서 신뢰성이 높다는 것과 그 분석법을 사용하면 누구나 신뢰성 높은 결과를 얻을 수 있다는 것은 분명하지 않다. 따라서 환경분석에 종사하는 사람에게는 분석방법에 대한 충분한 지식과 기술이 필수 불가결하다.

물이나 토양 등의 환경시료가 가지는 성질을 나타내기 위해서 실시하는 시험(특성시험: characterization test)에 대해서 일정한 기준에 적합인지 부적합인지를 결정하는 것을 검사(규제 시험 : compliance test)라고 한다.

어느 '시험' 결과도 환경시료의 하나의 성질을 나타내지만, 규제시험의 경우 적합하다는 것이 안전하다는 것을 나타내는 것은 아니다. 배수기준이 10배량인 환경수로 희석되는 것을 기대하고 결정되어 있음을 생각하면 이해될 것이다. 다만 규제시험은 법적 구속력을 가지는 것이 많아 분석값의 정확도·정밀도가 충분히 유지되지 않으면 안 된다.

환경오염을 미연에 방지하거나 발생한 오염을 재빨리 찾아내는 역할을 담당하는 것이 환경분석이며, 국민의 건강을 보호하고 생활환경을 보전하는 활동의 근간을 담당하고 있다는 인식이 필요하다.

한편 환경수에 대해서 현 시점에서는 환경기준 항목은 아니지만 공공용 수역에서의 검출상황으로부터 지켜보며 계속 노하우를 쌓아야 할 물질로서 환경기준 항목 이외의 27개 물질을 주요 감시항목으로 해 이것들에 대한 지침값이 설정되었다(2007년 현재, 표 1.8). 게다가 주요 감시항목 아래에는 환경 리스크가 높은 물질군으로서 주요 조사항목이 총 300개 지정되었다. 대기에 대해서도 환경기준값이 책정된 물질(표 1.1)을 포함해 건강 리스크가 높은 합계 234개 물질이 유해 대기오염물질로 지정되어 그중 22개 물질이 우선 대응물질로서(표 1.9) 환경기준값 등의 환경 목푯값이 부여된 항목으로 차례차례 이행해 나갈 예정이다.

향후 환경기준 등은 항목이 점점 늘어나고 거기에 따른 환경분석에 기대되는 역할도 더욱 커질 것으로 생각된다.

표 1.8 주요 감시항목과 지침값(수질)

항 목	지침값
클로로포름	0.06mg/L 이하
트랜스-1,2-디클로로에틸렌	0.04mg/L 이하
1,2-디클로로프로판	0.06mg/L 이하
p-디클로로벤젠	0.2mg/L 이하
이속사티온	0.008mg/L 이하
다이아지논	0.005mg/L 이하
페니트로티온(MEP)	0.003mg/L 이하
아이소프로티올레인	0.04mg/L 이하
옥신구리(유기구리)	0.04mg/L 이하
클로로타로닐(TPN)	0.05mg/L 이하
프로피자마이드	0.008mg/L 이하
EPN	0.006mg/L 이하
디클로르보스(DDVP)	0.008mg/L 이하
페노뷰카브(BPMC)	0.03mg/L 이하
이프로벤포스(IBP)	0.008mg/L 이하
크롤니트로펜(CNP)	–
톨루엔	0.6mg/L 이하
크실렌	0.4mg/L 이하
프탈산디에틸헥실	0.06mg/L 이하
니켈	–
몰리브덴	0.07mg/L 이하
안티몬	0.02mg/L 이하
염화비닐 모노머	0.002mg/L 이하
에피클로로히드린	0.0004mg/L 이하
1,4-디옥산	0.05mg/L 이하
총망간	0.2mg/L 이하
우라늄	0.002mg/L 이하

표 1.9 유해 대기오염물질 우선 대응물질

아크릴로니트릴	벤젠*
아세트알데히드	벤조[a]피렌
염화비닐 모노머	포름알데히드
클로로포름	수은 및 그 화합물
산화에틸렌	니켈 화합물
1,2-디클로로에탄	비소 및 그 화합물
디클로로메탄*	베릴륨 및 그 화합물
다이옥신류*	망간 및 그 화합물
테트라클로로에틸렌*	6가 크롬 화합물
트리클로로에틸렌*	클로로메틸메틸에테르
1,3 부타디엔	탈크(석면 섬유를 포함하는 것)

*2007년 현재. 환경기준 기설정 항목(표 1-1. 1-5 참조)

2장

환경시료의
전처리법

2-1 ◆ 환경수의 전처리법

❖ 1. 환경수의 전처리

환경수는 지하수, 하천수 등과 같은 공존물이 적은 비교적 청정한 것부터 공장폐수나 해수 등 공존물이 많은 것까지 폭넓다. 또 토양분석의 일환으로 행해지는 용출시험 (2003년 환경성 고시 제 18호), 함유량 시험(환경성 고시 제19호)에서도 실제 분석에 사용되는 것은 토양에서 용출된 성분을 포함한 물이나 묽은 염산용액이며, 용출한 후에는 환경수와 같은 조작으로 분석된다. 여기에서는 토양 용출액도 포함해서 다루는 것으로 한다.

시료 중의 금속 원소류의 농도를 원자흡광 분석법, ICP 발광분광 분석법, ICP 질량 분석법 등의 원자분광 분석법으로 정량할 때에 필요한 전처리에는 산처리와 농축·분리의 2개 과정이 포함된다. 각 과정에는 선택사항이 몇 개 더 존재하므로 어느 방법을 채용하는 것이 가장 적절한가는 환경수의 종류와 분석 대상이 되는 성분에 따라 다르며, 또 이용하는 측정법에 따라서 다르다. 환경수 분석을 실시할 때에 전처리로서 산처리나 농축·분리가 필요한지 여부, 필요한 경우 어느 방법이 가장 적합한지를 파악하는 것이 매우 중요하다.

❖ 2. 적절한 전처리법 선택을 위한 포인트

환경수 시료가 주어졌다고 가정하고 해당 금속원소류의 정량을 위해 최적 전처리를 선택할 때 고려해야 할 포인트는 다음 3가지이다.

[1] 이용하는 측정법의 원리

이용하는 측정법의 원리에 따라 필요한 전처리가 다르다. 환경수 내의 금속원소는 반드시 용존 상태의 이온으로만 존재하는 것이 아니라 매우 미세한 콜로이드 상태이거나 유기물 등과 착형성하고 있거나 또는 유기 화합물의 형태를 하고 있는 등 화학적·물리적으로 다양한 형태로 존재하고 있다.

원자흡광 분석법, ICP 발광분광 분석법, ICP 질량 분석법 등은 각각 고온의 프레임, 탄소 노, 플라즈마를 원자화·여기·이온화원으로서 이용하고 있으므로 시료 속 중 금속원소의 화학적·물리적 존재 형태에 관계없이 효율적으로 열해리, 원자화, 이온화, 여기 등의 과정을 거쳐 각각의 검출기로 검출된다.

따라서 다음에 설명하는 내용 외의 조건만 만족하면 산처리 등의 전처리를 전혀 하지 않고 분석하는 것도 가능하다.

다만 현탁물을 포함한 환경수를 여과하지 않고 분석하는 경우(예를 들면, 환경 수질 기준의 고시법에 따르는 경우 등)에는 측정원리에 관계없이 산처리에 의해 현탁물을 분해 제거하지 않으면 시료의 불균일성이나 시료 도입계의 막힘 등에 의해 신뢰성 높은 분석을 할 수 없다.

한편으로 흡광광도법, 수소화물 발생에 근거하는 원자흡광 분석법, ICP 발광분광 분석법 등은 그 측정원리 때문에 어떤 정해진 존재 상태의 금속원소만을 검출하게 된다. 흡광광도법에서 사용되는 발색 시약은 특정 용존이온에만 반응해 특정 파장의 빛을 흡수하는 성질을 나타낸다. 또 수소화물 발생법에서는 어느 특정 가수의 이온(예를 들면, As(Ⅲ), Se(Ⅳ) 등)이 효율적으로 수소화물을 형성해 검출기에 옮겨진다. 존재 형태에 따라서는 수소화물을 형성하지 않고 전혀 검출되지 않는 것도 있다. 따라서 이러한 원리의 분석법을 사용하는 경우에는 환경수를 산처리해 다양한 형태의 금속원소를 용존이온 상태로 하고, 또한 필요에 따라서 그 가수를 일정하게 하는 조작이 전처리의 일환으로서 불가결하게 된다. 이상으로부터 이용하는 측정법의 원리를 숙지할 필요가 있다.

[2] 이용하는 측정법의 감도

이용하는 측정법의 감도가 환경수 내에 예상되는 농도의 측정 대상 금속원소를 분석하는 데 충분한지 판단하는 것은 중요하며, 분석자는 자신이 이용하는 측정장치의 검출감도를 숙지하고 있어야 한다. 표 2.1에 각종 측정법별로 대표적인 검출하한을 환경수질 기준값 혹은 요점 감시항목 지침값과 함께 일람했다. 다만 장치에 따라 이 표의 검출하한값과는 다른 경우가 있으므로 자신이 사용하는 장치의 검출하한은 따로 제대로 구해 둘 필요가 있다.

만약 감도가 부족하다면 전처리로서 농축이 불가결하기 때문이다. 감도가 충분한지 아니면 부족한지에 대한 명확한 기준은 없지만, 하나의 기준으로서 예상되는 측정 대상 금속원소의 농도가 이용하는 측정법의 검출하한의 10배 이상이면 우선 감도는 충분하다고 생각해도 좋다(다만 다음에 나오는 [3]의 내용도 고려해야 한다). 검출하한의 10배 이하, 3배 이상인 경우에는 우선 농축을 실시할지 여부의 판단은 유보하고 [3]의 공존물의 양도 고려해 맞춘 뒤에 종합적으로 판단할 필요가 있다.

예상되는 농도가 검출하한의 3배 이하라면 농축이 필요하다고 판단한다. 여기서 10배, 3배라고 하는 것은 하나의 기준이며, 필요한 분석값의 신뢰성 수준에 따라 적당히 설정한다. 용매 추출 · 킬레이트 수지 추출 등을 실시할 때 킬레이트 시약 등과 반응하는 것은 용존이온 상태이기 때문에 산처리도 필요하다. 농축은 항상 산처리와 함께 실시할 필요가 있다.

표 2.1 각종 분석법의 검출하한과 수질 환경기준값의 비교(단위 : μg/L)

	FAAS	ETAAS	ICP-AES	ICP-MS	기준·지침
Cd	1	0.01	0.3	0.005	10
Pb	25	0.1	3	0.005	10
Cr	50	0.04	0.5	0.001	50
As	500	0.2(0.2)	5(0.1)	0.005	10
Se	400	0.2(0.2)	6(0.1)	0.005	10
B	2000	35	0.5	0.005	1000
Zn	2	0.01	0.3	0.005	10~30
Ni	20	0.1	2	0.005	–
Mo	150	0.1	2	0.0005	70
Mn	3	0.02	0.2	0.001	200
Sb	150	0.2(0.2)	7(1)	0.0005	20
U	–	150	20	0.0001	2

＊1 FAAS, FTAAS는 (주)히타치테크놀로지, ICP-AES, ICP-MS는 나노테크놀로지(주) 제공
＊2 괄호 안에 표시된 값은 수소화물 발생법에 따른 검출하한값

FAAS : Flame Atomic Absorption Spectrometry. 플레임 원자흡광 분석법
ETAAS : Electrothermal Atomic Absorption Spectrometry. 전기가열로 원자흡광 분석법
ICP-AES : Inductively Coupled Plasma Atomic Emission Spectrometry. 유도결합 플라
　　　　즈마 발광분광 분석법
ICP-MS : Inductively Coupled Plasma Mass Spectrometry. 유노셜합 플라즈마 질량 분석법

[3] 공존물로부터의 영향

원자분광 분석법으로 대상 금속원소를 분석할 때 시료 내에 존재하는 공존물로부터 영향을 받아 신뢰성 높은 분석값을 얻을 수 없는 경우가 있다. 측정법에 따른 공존물질로부터의 영향에는 분광학적 간섭, 물리 간섭, 이온화 간섭, 화학 간섭 등이 있다. 그 현상이나 원리, 대처법 등에 대해서는 3~5장에서 설명하므로 참조하기 바란다. 이러한 간섭은 분석값의 신뢰성을 크게 해치는 경우가 많기 때문에 미리 시료 중 공존물질의 종류와 양을 견적하는 것은 필수이다. 견적 방법의 예를 다음에 설명한다.

(a) 시료 정보의 활용

지하수, 하천수, 해수, 공장폐수, 매립지 침출수, 토양 용출액 등 분석하려고 하는 환경수의 개략을 알 수 있으면 경험적·문헌적으로 공존물의 종류와 양을 견적할 수 있다.

(b) 예비 분석

ICP 발광분광 분석법, ICP 질량 분석법 등 다원소 동시분석법을 이용할 수 있을 때는 반정량, 정성분석 모드로 예비적으로 공존물의 종류·양을 견적하는 것이 바람직하다. 이때 동시에 측정 대상 원소의 어림 농도도 구할 수 있다. 환경수 시료를 그대로 도입하면 매우 고농도의 성분이 포함되어 있어 장치를 오염·손상시킬(특히 ICP 질량 분석장치) 가능성이 있으므로 미리 10~1,000배 정도 희석한 것으로 시작하는 편이 좋다. 희석배율의 결정에는 (a)나 (c)의 정보를 활용한다. 이온 크로마토그래프 등도 이용할 수 있다. 예비 분석은 노력과 시간이 걸리는 것은 사실이지만, 신뢰성 높은 분석값이 필요할 때에는 필수 불가결한 과정이다.

(c) 간편한 추정법

시료의 소성을 전혀 모르는 경우 간편하게 공존물의 양을 추정하는 방법으로 밀도를 측정하는 방법이 있다. 그림 2.1에 매립지 침출수의 밀도와 알칼리·알칼리토류 원소 총량과의 관련을 나타낸다. 밀도가 1을 넘으면 공존원소량이 2,000mg/L를 넘음을 알 수 있다. 상기 (b)의 희석배율을 결정할 때에 참고가 된다.

이상의 사전 조사에 의해 공존물에 의한 간섭이 문제라고 판단되었을 경우에는 환경수 시료 중의 목적원소와 공존물을 분리할 필요가 있다. 분리법은 용매 추출, 킬레이트 수지·디스크 등을 이용한 고상 추출 등 조작 자체는 농축법과 동일하며, 산처리와 세트

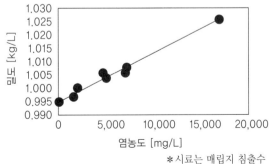

* 시료는 매립지 침출수

그림 2.1 환경수의 공존염류(알칼리 및 알칼리토류) 농도와 밀도의 관계

표 2.2 전처리 선택 시의 체크포인트

체크포인트	원리*	문제 없음	없음	없음	없음	문제 있음	있음	있음	있음
	감도	있음	있음	없음	없음	있음	있음	없음	없음
	공존물	문제 없음	있음	없음	있음	문제 없음	있음	없음	있음
전처리	산처리	불필요		필요		필요		필요	
	농축 분리	불필요		필요		불요		필요	

* 측정법의 원리부터 생각해 대상 성분의 존재 형태가 문제가 될지 여부

인 것도 동일하다. 표 2.2에 이상 3가지 전처리 선택기준과 그 결과로서 도출되는 전처리법을 정리했다.

❖ 3. 전처리의 실제

[1] 산처리

환경분석의 대부분은 「JIS K 0102 5. 전처리」 방법으로 산처리를 한다. JIS에서는 검수의 성질과 상태(특히 공존 유기물의 많고 적음)에 따라 질산만, 염산만, 질산·염산, 질산·과염소산, 질산·황산 등 첨가하는 산의 종류가 달라질 뿐만 아니라, 단순한 자비부터 분해까지의 처리방법에도 다소 변화가 있다. 그러나 미지 시료에 대해 미리

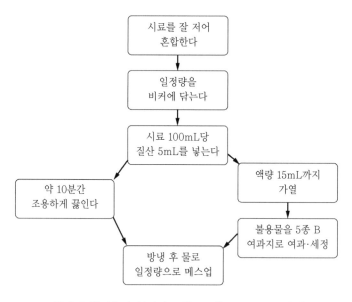

그림 2.2 환경수의 산처리 흐름도 예(JIS K 0102에서)

공존 유기물의 많고 적음을 추측하는 것은 간단하지 않기 때문에 적절한 산을 선택하는 것은 쉽지 않다. 전혀 소성을 모르는 환경수 시료를 분석할 때의 첫 번째 선택사항은 질산에 의한 분해이다.

그림 2.2에는 질산에 의한 가열(유기물·현탁물이 극히 적을 때), 분해(유기물이 적고, 현탁물로서 수산화물, 산화물, 황화물, 인산염 등을 포함) 조작의 개략을 나타냈다(자세한 것은 JIS K0102 5를 참조).

측정 대상 금속원소에 따라 혹은 금속원소의 정량에 이용하는 측정법에 따라 전처리 단계에서 이용해서는 안 되는 산이 있으므로 주의가 필요하다. 표 2.3에는 산처리 단계에서 휘산(↑)이나 침전(↓)에 의한 손실이 일어날 가능성이 있는 산과 측정 대상 금속원소의 조합을 나타냈다.

또 산처리 과정에서 사용하는 용기가 오염된 것(붕소(B), 불소(F))도 주의가 필요하다. 산처리에 사용하는 비커 등의 유리용기는 B 이외에도 비소(As)나 납(Pb) 등을 용출할 가능성이 있으므로 필요에 따라서 테플론 비커 등을 사용하면 좋다.

표 2.3 산처리 단계에서 손실이 일어나는 예

대상 금속원소	산	손실 기구
Hg(수은)	모든 산	휘산
As(비소)	HCl	휘산 $AsCl_3$ ↑
Cr(크롬)	$HClO_4$	휘산 CrO_2Cl_2 ↑
Pb(납)	H_2SO_4	침전 $PbSO_4$ ↓

또한 산처리 결과로서 검액 내에 잔존한 산에 따라 측정 대상 금속원소 정량 시에 영향을 미치는 예가 있다. 예를 들면 As, Se(셀렌) 등의 수소화물 발생법에 의한 분석 전처리에 질산을 사용하면 질산이 수소화물을 형성하는 반응을 방해한다. 이 경우는 질산 분해 종료 후, 황산을 첨가해 황산 백연이 날 때까지 가열해 질산을 완전하게 제거해야 한다.

전기가열 원자흡광 분석법이나 ICP 질량 분석법의 전처리에 염산을 사용하면, 전자에서는 탄소로에서의 회화(灰化) 단계에서 염화물로서 휘산하는 원소(Pb, As 등)가 많고, 후자에서는 As나 Se를 분석할 때 심각한 분광학적 간섭의 원인이 되기 때문에 이러한 분석법에서는 염산의 사용은 피해야 하는 것이다. 이용하는 분석법과 산의 궁합을 표 2.4에 나타낸다. 다만 어느 산을 사용하든 농도가 너무 높으면 물리 간섭이나 장치의 열화를 초래하므로 산농도는 가능한 한 묽은 것이 바람직하고 최대 1 mol/L 정도

표 2.4 분석법과 산

산	FAAS	ETAAS	HGAAS HGICPAES	ICP-AES	ICP-MS
질산	○	○	×	○	○
염산	○	×	○	○	×
과염소산	○	×	○	○	×
황산	×	×	○	×	×

○ : 적합한 것, × : 부적합한 것, 피하는 것이 좋은 것

HGAAS : Hydride Generation Atomic Absorption Spectrometry. 수소화물 발생 원자흡광법
HGICPAES : Hydrice Generation Inductively Coupled Plasma Atomic Emission Spectrometry. 수소화물 발생 유도결합 플라즈마 발광분석법

까지로 한다.

한편, 전술한 바와 같이 이용하는 측정법의 원리에서 산처리를 필요로 하지 않는 경우도 있다. 현탁물이 없고 고시법에 충실히 따라서 분석할 필요가 없는 경우, 사전에 여과되어 현탁물이 제거된(고시법에 따라 조제된 토양 용출액 등) 경우 등이 여기에 해당한다.

산처리는 검액의 산농도가 높아지기 쉽고, 또 용기나 환경으로부터 오염될 위험도 있기 때문에 불필요한 경우에는 실시하지 않는 편이 좋은 경우도 많아 분석목적이나 표 2.2를 참고해 불필요한 경우는 산처리를 하지 않는 것도 고려할 만하다.

[2] 농축·분리

이용하는 측정법의 검도가 불충분한 경우나 검도는 있지만 공존물로부터의 영향이 예측되는 경우에는 분리·농축을 적용할 필요가 있다. 감도가 약간 떨어지는 측정법(프레임 원자흡광 분석법, ICP 발광분광 분석법 등)의 경우에는 농축에 주안점을 두고, 감도가 높은 측정법(전기가열 원자흡광 분석법, ICP 질량 분석법 등)의 경우에는 분리에 주안점을 두는 경우가 많다.

크게 나누면 농축·분리법으로서는 침전 분리법, 용매 추출법과 이온교환 수지·킬레이트 수지·킬레이트 디스크를 이용한 고상 추출법이 있다. 침전 분리법으로서 JIS K 0102에서는 총크롬 분석에 수산화철 공침에 의한 농축법이 기재되어 있다(규격 65.1. 1[주2]).

이것은 3가 크롬(Cr(Ⅲ))과의 철 공침분리에 근거하는 6가 크롬 분석법(규격 65.2.2 비고 15)과 같은 원리이다. JIS 이외에서는 갈륨(Ga)이나 지르코늄(Zr)과의 공침에 의

한 금속원소의 농축·분리법도 있지만, 일반적인 방법이라고는 할 수 없다.

표 2.5에는 JIS K 0102에 언급된 용매 추출법의 예를 일람했다. [1]에 언급한 산처리를 한 후의 환경수 시료에 완충액을 넣어 pH를 조정해 1-피롤리딘카르보티오산암모늄(피롤리딘-N-디티오카르바민산암모늄, APDC)이나 디에틸디티오카르바민산나트륨(DDTC) 등의 킬레이트 시약을 더해 목적 금속원소와 킬레이트 착체를 형성시킨 후 초산부틸이나 4-메틸-2-펜타논(MIBK)이나 2,6-디메틸-4-헵타논(DIBK) 등의 유기용매 내에 추출한다.

MIBK, DIBK, 크실렌 등은 프레임이나 플라즈마에 도입하기 쉬운 유기용매이므로 추출 후의 유기상을 그대로 측정에 사용할 수 있다(다만 ICP 질량 분석법에서는 유기상의 도입은 일반적이지 않다).

표 2.5 용매 추출법에 의한 농축·분리방법의 예

원소	농축·분해방법*	pH	측정방법	규격 등
Cd	DDTC-초산부틸 또는 MIBK 또는 DIBK	8~9	FAAS	규격 52 비고 4
	APDC-MIBK 또는 DIBK	3.5~4.0	FAAS	규격 52 비고 5
	브롬 착체-트리옥틸아민-MIBK	–	FAAS	규격 55 비고 3
	APDC/HMAHMDC-크실렌 또는 DIBK	5.2	ICP-AES	규격 52 비고 7
Pb	DDTC-초산부틸 또는 MIBK 또는 DIBK	8~9	FAAS	규격 52 비고 4
	APDC-MIBK 또는 DIBK	3.5~4.0	FAAS	규격 52 비고 5
	APDC/HMAHMDC-크실렌 또는 DIBK	5.2	ICP-AES	규격 52 비고 7
총Cr	트리옥틸아민-초산부틸 또는 MIBK	–	FAAS 및 ICP-AES	규격 65 비고 5

* DDTC: 디에틸디티오카르바민산나트륨, MIBK: 4 메틸-2-펜타논, DIBK: 2,6-디메틸-4-헵타논, APDC: 1-피롤리딘카르보티오산암모늄(피롤리딘-N-디티오카르바민산암모늄), HMAHMDC : 헥사메틸렌암모늄＝헥사메틸렌카르보모디티오산

유기상을 도입하지 않는 경우에는 비커 등에 옮긴 유기상을 핫플레이트 위에서 가열 제거하고, 잔사에 산을 더해 가열 분해해 측정할 수도 있다. 혹은 추출 후의 유기상을 1mol/L 정도의 묽은 산과 함께 진탕해 묽은 산상으로 역추출할 수도 있다. 또한 DDTC나 APDC를 사용하는 용매 추출법은 표 2.5에 나타낸 Pb나 카드뮴(Cd)뿐만 아니라 아연(Zn), 구리(Cu), 철(Fe), 니켈(Ni), 코발트(Co) 등 헥사메틸렌암모늄-헥사메

틸렌카르바모디티오산(HMAHMDC)을 사용하는 방법은 그것들과 함께 알루미늄(Al), 바나듐(V), 망간(Mn), 몰리브덴(Mo) 등의 동시 추출도 가능하다.

용매 추출은 예전부터 행해지고 있는 방법이지만, 작업과정이 복잡해 시간이 걸린다. 사용하는 유리기구류의 종류나 수가 많고, 사용하는 시약의 종류와 양이 많다는 이유 때문에 오염문제가 크기도 하고, 기구를 정성스럽게 세정하고 정제한 시약을 사용히는 등의 주의가 필요하다.

최근에는 환경오염 방지의 관점에서도 화학분석 과정을 견딜 수 있도록 유기용매를 사용하지 않는 경향이 있다. 농축·분리에도 용매 추출이 아니고 킬레이트 수지나 킬레이트 디스크를 이용한 고상 추출법이 이용되게 되었다. 이전부터 이온교환에 근거하는 농축 분리법으로서 JIS K 0102 규격 52 비고 2에, 강염기성 음이온 교환 칼럼을 사용한 클로로 착체로 한 Cd의 농축·분리법이 있다. 현재 주로 이용되고 있는 고상 추출법은 이미노2초산계의 킬레이트를 담지한 수지 혹은 그러한 수지를 섬유에 묻어 여과지 상태로 한 킬레이트 디스크이다.

그림 2.3에 여과지 상태의 킬레이트 디스크를 사용한 환경수 내 금속원소의 농축·분리조작 흐름을 나타냈다. 또 그림 2.4에는 환경수 내 금속원소의 킬레이트 디스크 농축·분리에 의한 회수율의 pH 의존성을 나타냈다. pH5~6 부근이 가장 많은 금속원소를 정량적으로 회수할 수 있음을 알 수 있다.

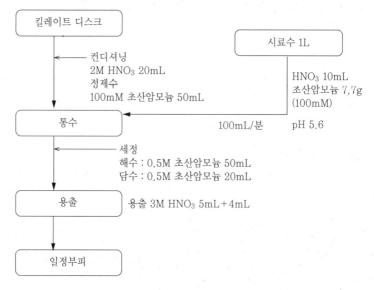

그림 2.3 킬레이트 디스크에 의한 환경수 내 금속원소의 농축·분리법 흐름도

표 2.6에는 이와 같이 농축·분리했을 때 각종 금속원소의 회수율을 나타낸다. 해수, 공장폐수 등 공존물이 많은 어려운 시료에서도 많은 금속원소가 안정된 회수율을 보인 것을 알 수 있다. 다만 유일한 예외는 해수의 Mn으로, 회수율이 낮은 이유는 나중에 설명한다. 킬레이트 수지·디스크에 의한 농축·분리는 환경기준 항목인 Zn이나 주요 감시 항목인 우라늄(U)의 공정법으로도 2003년에 채용되었다.

고상 추출을 용매 추출과 비교했을 경우 가장 큰 이점은 사용하는 용기나 시약량이 적어도 되고, 조작 자체가 간단하다는 점이다. 특히 플라스틱 칼럼에 미리 킬레이트 수지나 킬레이트 디스크를 충전한 타입은 사용하는 용기·기구류를 최소한으로 할 수 있다. 이러한 특징 때문에 농축·분리 조작 중의 오염을 최소화할 수 있다. 한편, 결점으로는 비교적 고가인 점(특히 수지가 충전된 것) 외 킬레이트의 종류에 따라서 중금속 이외의 알칼리토류 원소도 머무르기 때문에 환경시료 내에 풍부하게 존재하는 칼슘(Ca)이나 마그네슘(Mg)과 분리하기가 곤란한 경우이다.

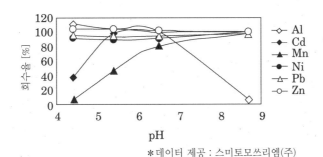

*데이터 제공 : 스미토모쓰리엠(주)

그림 2.4 킬레이트 디스크에 의한 환경수 내 금속원소 회수율의 pH 의존성

표 2.6 킬레이트 디스크-ICP-AES에 의한 환경수 내 금속원소 분석의 첨가 회수율[%]

원소명	하천수	해수	공장폐수
Al	101	118	101
Cd	90	92	92
Co	94	87	88
Cu	92	93	96
Fe	95	109	111
Mn	90	59	95
Ni	100	100	104
Pb	89	90	88

0.1mg/L 상당을 첨가, pH5.6
*데이터 제공 : 스미토모쓰리엠(주)

이 때문에 해수나 토양 용출액 등 Ca이 많은 물시료의 경우는 킬레이트 수지에 흡착시킨 후에 초산암모늄 용액으로 킬레이트 수지를 세정해(그림 2.3 참조) Ca을 제거할 필요가 있다. 이때 킬레이트에 약간 흡착된 Mn이나 U 등도 일부 제거되어 회수율이 나빠질 가능성이 있다(표 2.6). Ca 등을 흡착하지 않는 킬레이트 수지·디스크도 시판되고 있다.

❖ 4. 전처리가 분석에 미치는 영향

표 2.7에 환경수(하천수, 해수) 내 Zn, Mn 분석의 크로스체크 결과를 나타냈다. 이것은 2003년에 Zn이 신규 환경기준 항목이 되고 또 Mn, U이 주요 감시항목이 되면서 실시한 크로스체크로, 여과된 하천수, 해수에 각각 20, 300μg/L을 첨가해 첨가 회수율을 구한 것이다.

이용된 측정법은 원자흡광 분석법, ICP 발광분광 분석법, ICP 질량 분석법으로 전처리로서 산처리만(표에서 직접 도입; 산처리 후 적당히 희석), 용매 추출(Mn만; APDC/HMAHMDC-크실렌), 고상 추출(킬레이트 디스크, 그림 2.3)의 3가지 패턴이다. 이미 여과된 환경수 시료였기 때문에 크로스체크 참가기관 중에는 직접 도입한 경우에 한정해 산처리를 생략해, 소량의 산만 첨가한 기관이 다수 있었다. 이용하는 측정법이 표 2.7에 나타낸 것과 같은 것이기 때문에 산처리는 불필요하므로 이것은 올바른 선택이었다고 생각된다.

표 2.7 환경수 중의 Zn, Mn의 크로스체크 결과[1]

분파법	Zn(20μg/L)		Mn(300μg/L)	
	하천수	해수	하천수	해수
직접 도입 AAS[2]	$99 \pm 22\,(n=3)$	−	$100 \pm 12\,(n=5)$	$107 \pm 2\,(n=3)$
직접 도입 ICP-AES	$99 \pm 7\,(n=7)$	$103 \pm 37\,(n=4)$	$99 \pm 8\,(n=10)$	$86 \pm 18\,(n=6)$
직접 도입 ICP-MS	$97 \pm 7\,(n=10)$	$90 \pm 26\,(n=4)$	$96 \pm 5\,(n=10)$	$90 \pm 15\,(n=5)$
고상 추출 AAS	$92 \pm 20\,(n=3)$	$93 \pm 14\,(n=5)$	$90 \pm 51\,(n=4)$	$52 \pm 45\,(n=4)$
고상 추출 ICP-AES	$98 \pm 8\,(n=8)$	$97 \pm 10\,(n=9)$	$95 \pm 44\,(n=5)$	$66 \pm 47\,(n=7)$
고상 추출 ICP-MS	$103 \pm 14\,(n=4)$	$98 \pm 8\,(n=8)$	$91\,(n=2)$	$60 \pm 52\,(n=6)$
용매 추출 ICP-AES[3]	−	−	$97\,(n=2)$	$95 \pm 7\,(n=4)$

*1 표 안의 숫자는 첨가 회수율(%), 괄호 안은 시험소 수
*2 Zn은 ETAAS, Mn은 FAAS
*3 APDC/HMAHMDC-크실렌 추출

이 농도 수준이면 하천수 내의 Zn은 고상 추출을 하지 않아도 직접 도입으로 높은 회수율을 얻을 수 있다. 감도가 충분해(표 2.1) 공존물의 영향이 거의 없기 때문이다. 그런데 해수가 되면 ICP 발광분광 분석법과 ICP 질량 분석법의 직접 도입에서는 회수율의 평균값은 103, 90%로 좋지만 편차(시험소 간 정밀도)가 커진다. 공존 염류가 많은 것을 고려해, 해수시료를 10~100배 희석하더라도 감도적으로는 어떻게든 검출하한을 넘지만(표 2.1), 정밀도가 우수한 측정을 하기에는 농도가 지나치게 낮다. 또 10~100배 희석하더라도 공존물이 적다고는 할 수 없기 때문에 물리적 간섭 등의 문제가 있을지도 모른다.

한편, 해수시료에서도 고상 추출에서는 회수율의 평균값, 편차도 만족할 수 있는 결과를 얻을 수 있었다. 해수와 같이 공존 염류가 많은 시료에서는 감도적으로는 직접 도입이 가능해도 공존물을 제거하는 편이 신뢰성 높은 분석값을 얻을 수 있음을 분명히 보여주고 있다.

Mn은 300μg/L로 농도 수준이 약간 높은 것도 있어 하천수라면 산처리와 희석에 의한 직접 도입에서도 만족할 수 있는 결과를 얻을 수 있다. Mn의 경우 고상 추출에서는 지적 pH가 알칼리 측에 있는(그림 2.4) 경우도 있어, pH5.6으로 하천수로부터 고상추출을 하면 오히려 성적이 나빠지는 것 같다. 용매 추출은 좋은 결과를 나타내고 있다. 해수의 경우 직접 도입에서는 감도는 둘째치더라도 정밀도가 열화하는 것은 Zn과 같다. 그러나 전술한 바와 같이 해수 고상 추출의 경우에는 Ca 등을 철저하게 제거하기 위해 킬레이트 디스크의 세정을 정성스럽게 해야 하는데(그림 2.3) Mn의 손실로 인해 회수율 평균값은 하천수보다 한층 더 작아지고 편차도 크다. 그러나 여기에서도 용매 추출 결과는 우수하게 나왔다. Mn에 대해서는 공존물이 많은 시료의 경우 고상 추출과 용매 추출에 의한 분리의 특징을 고려한 데다가 용매 추출을 선택하는 것이 현명하다는 것을 보여주고 있다.

CHAPTER 2

2-2 ◆토양의 전처리법–토양 용출시험, 토양 함유시험

　2.1절에서는 물시료를 얻은 시점부터의 전처리법을 나타냈다. 본 절에서는 토양 용출시험과 함유시험을 할 때 분석 대상 시료액의 작성에 대해 설명한다. 토양 분석법은 여러 가지가 있지만 여기에서는 토양오염 대책법에서 정한 토양 용출시험 및 토양 함유시험을 대상으로 했다.

　용액이 된 시료를 전처리할 때 유의점은 〈2.1 환경수의 전처리법〉의 내용과 같지만 토양분석에서 자주 일어나는 문제에 대처하는 방법도 추가했다. 대상물질을 표 1.7에 정리했으므로 참조하길 바란다.

　토양오염 대책법은 오염 토양이 빗물 등에 노출되어 용해한 물질이 지하수로 이동하는 리스크(지하수 오염 리스크)와 토양을 먹어 체내에 흡수되어 발생하는 건강 리스크(직접 섭식 리스크)를 고려해 결정된 것으로, 전자를 용출시험(2003년 환경성 고시 제4호, 지정된 방법은 1991년 환경청 고시 제46호)에 의해, 후자를 함유시험(2003년 환경성 고시 제4호)에 의해 평가한다.

❖ 1. 토양시료의 전처리(건조·입도 조정)

　토양오염 대책법에서는 '입에 들어갈지도 모르는' 토양으로서 표층 50cm까지를 상정하고 있다. 그중에서 특히 표층 5cm까지를 중요시해, 0~5cm와 5~50cm까지를 등량 혼합한다.

　시료는 바람에 건조한 다음 조약돌이나 나무조각, 식물 뿌리 등을 제거하기 위해

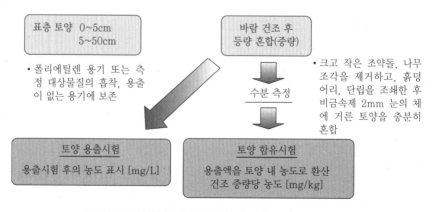

그림 2.5 토양시료의 채취와 분석시료의 조정

2mm의 체에 거른다. 토양 함유량은 건조 중량 베이스로 기재하는 것이므로 수분(105℃, 2시간)을 측정해 둔다(그림 2.5 참조).

❖ 2. 토양 용출시험의 검액 작성(2003년 환경성 고시 제18호)

토양 용출시험의 대상물질은 이하의 25항목이다.
- 무기물질 9물질군(Cd, Cr(VI), 시안 화합물, 수은 화합물, Se, Pb, As, F, B)
- 휘발성 유기화합물 11물질(사염화탄소, 1,2-디클로로에탄, 1,1-디클로로에틸렌, 시스 1,2-디클로로에틸렌, 1,3-디클로로프로펜, 디클로로메탄, 테트라클로로에틸렌, 1,1,1-트리클로로에탄, 1,1,2-트리클로로에탄, 트리클로로에틸렌, 벤젠)
- PCB
- 농약류 4화합물군(시마진, 튜람, 티오벤카브, 유기인 화합물)

휘발성 유기화합물 이외의 검액 작성 순서를 그림 2.6에 나타낸다. 시료 50g(PCB 및 농약류는 100g) 이상을 용기에 넣어 액고비(체적 중량비 : 체적(mL)/중량(g)) 10으로 용매(pH5.8~6.3로 조제한 순수)를 더해 상온 상압(대개 25℃, 1기압)으로 6시간 진탕 용출한다. 혼합액을 원심분리(3,000회전/분으로 20분간)해 상중액을 직경 0.45μm의 멤브레인 필터로 여과해 정량에 필요한 양을 정확하게 채취해 이것을 검액으로 한다.

휘발성 유기화합물은 가능한 한 헤드스페이스가 적게 되도록 용기에 넣고 액고비 10으로 용매를 더해 마개를 닫고 4시간 교반기로 교반한다. 여과조작으로 휘발하지 않도록 주사통을 이용해 여과를 실시해 검액을 얻는다.

최종 분석값에 영향을 미치는 요소는 용기, 용매, 진탕 조작, 여과 조작이며, 자주 받는 질문을 다음과 같이 정리했으므로 참고하기 바란다.

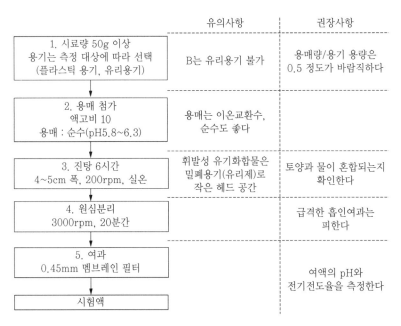

	유의사항	권장사항
1. 시료량 50g 이상 용기는 측정 대상에 따라 선택 (플라스틱 용기, 유리용기)	B는 유리용기 불가	용매량/용기 용량은 0.5 정도가 바람직하다
2. 용매 첨가 액고비 10 용매 : 순수(pH5.8~6.3)	용매는 이온교환수, 순수도 좋다	
3. 진탕 6시간 4~5cm 폭, 200rpm, 실온	휘발성 유기화합물은 밀폐용기(유리제)로 작은 헤드 공간	토양과 물이 혼합되는지 확인한다
4. 원심분리 3000rpm, 20분간		급격한 흡인여과는 피한다
5. 여과 0.45mm 멤브레인 필터		여액의 pH와 전기전도율을 측정한다
시험액		

그림 2.6 토양 용출시험의 조작순서와 유의사항

Q1 유리용기와 플라스틱 용기는 용출시험값에 영향이 있는가?

A 기본적으로 영향은 없다. 청정하면 된다. 금속류가 대상인 경우는 산 세정한 용기를 이용한다. 예를 들면, 몇 번 사용한 용기나 폐수시료를 넣었던 폴리용기 등에서 수은(Hg)이 벽면에 흡착하는 일이 있을 수 있으므로 유의해야 한다.

Q2 추가한 용매는 pH5.3~6.3로 되어 있는데, 이온교환수나 순수에서는?

A 탄산가스가 포화한 물은 pH5.8이며 이온교환수나 순수를 그대로 사용할 수 있다. pH5.8~6.3은 하천수를 상정하고 있다. 토양과 물을 혼합하면 용해성 성분에 의해 용출액의 pH가 결정되기 때문에 염산에 의해 이 pH로 조정하는 것은 통상 불필요하다. 빗물은 이 범위보다 산성인 것도 많지만, pH4.0의 용매를 이용해도 토양성분과 반응해 평형상태에서는 거의 토양 용출농도에 영향을 미치지 않는다.

Q3 용기의 용량과 최대 용매량은 용출시험에 영향이 있는가?

A 영향이 있다. 예를 들면 1L 용기에 토양시료 80g과 용매 800mL를 넣으면 토양과 물이 잘 혼합하지 않는 진탕 상태가 된다. 이러한 상태가 되지 않도록 하기 위해서 통상 용매량은 용기 용량의 0.5 정도로 하는 것이 바람직하다.

Q4 수직진탕과 수평진탕은 용출시험값에 차이가 있는가?

A 다르지 않다고 단언할 수 없지만, 진탕 상태(충분한 혼합) 쪽이 영향을 더 준다. 2003년도 환경성 통일 정밀도 관리조사 결과에 따르면, 진탕 방향에 대해 평균값과 정밀도 모두 유의한 차이는 보이지 않았다고 보고되었다.

Q5 여액이 탁해지는 경우가 있다. 그 대책은?

A 일반적으로 $0.45\mu m$의 여과지에 의해서도 분산 상태의 콜로이드 미립자가 존재하는 경우가 있다. 이들은 여액으로부터 제거할 수 없다. 토양으로부터 이러한 미립자가 분산해 환경 내에 존재한다면 '영향이 있는' 물질량으로서 정량값에 포함하게 된다. 부식 물질을 포함한 토양에서 알칼리성 용출액에서는 갈색의 탁함을 일으키는 경우가 있다. 부식 물질은 잘 알려져 있듯이 착체 형성 능력이 있기 때문에 부식물질과 함께 금속류가 용출할 가능성이 있다. 또 연질 진흙을 소석회로 처리한 토양에서 백색의 탁함이 발견되는 경우가 있다.

Q6 원심분리 후에도 여과가 곤란한 경우는? 여지를 교환하는 것이 좋은가?

A 원심분리 후의 용액이 탁해진 경우에는 조심하여 여과한다. 먼저, 여과지 위에 다량의 액을 넣지 않을 것. 즉, 여과지 위에 침전물이 많이 있다면 막힘(loading)을 일으키기 때문에 그것을 피한다. 피펫으로 소량씩 여과할 것을 권장한다. 백색의 탁해짐이 보이는 경우가 있다. 그래도 막힘이 생길 경우(예를 들면 10초에 1방울(0.1mL))에는 여과지를 새로 교환한다. 그 때문에도 한 번에 100mL 정도의 여과를 행하지 않는 것이다.

🔸 3. 토양 용출액의 pH와 전기전도율

토양 용출시험의 검액을 얻으면 pH와 전기전도율을 측정하는 것이 바람직하다. 기준값을 넘는 분석값의 이유를 설명할 수 있을 가능성이 있기 때문이다. 또 산성·알칼리성 pH값이나 전기전도율이 높은 값을 나타내는 용출액은 특정 금속에 대해 용출되기

표 2.8 염류 농도와 전기전도율

염농도[mg/L] \ 전기전도율 [mS/m]	NaCl
10	3.7
50	17.1
100	34.4
500	161
1000	1440
10000	2710
20000	4920

쉬운 상태라고 예상할 수 있다. 염류 농도와 전기전도율의 관계를 표 2.8에 나타냈다. NaCl 농도로서 1,000mg/L(Na 390mg/L 혹은 17mmol)가 314mS/m에 상당한다. 전기전도율로부터 염류 농도를 추정할 수 있으므로 금속분석에 있어 측정기기에 가해지는 부하, 예를 들면 ICP 질량 분석에서의 희석율을 추정하는 데 도움이 되고, 또 공존원소에 의한 방해로 검량선의 기울기를 보정할 필요성이 있음을 알 수 있다.

용출액의 pH는 한층 더 중요하고 유용하므로 반드시 측정해 두어야 할 항목이다. 표 2.9에 일반 토양의 pH 및 금속 용출량을 나타냈다[2]. 마사토, 관동지방 대지를 덮고 있는 화산사 및 후지모리 점토(연약 지반의 처리에 이용되는 표준 점토) 가운데 마사토와 관동지방 대지를 덮고 있는 화산사는 pH6대로 거의 중성 범위이지만, 후지모리 점토는 pH3.3으로 강산성을 나타낸다. 후지모리 점토는 전기전도율(EC)도 다른 2종류의 흙보다 높고, 다량의 염류가 용해되어 있다.

후지모리 점토의 Pb 용출량은 0.062mg/kg(용출액 농도는 0.0062mg/L), 또 As 용출량은 0.057mg/kg(용출액 농도는 0.0057mg/L)으로 용출 기준값(0.01mg/L)에 가깝다. 산성에서 금속류가 쉽게 용해하기 때문이다. 천연 토양에도 산성토양이 있다는 것에 유의해야 한다. 일반 토양의 용출량 특징은 다음 항에서 설명한다.

pH가 중금속류의 용출에 영향을 주는 중요한 인자인 것은 널리 알려져 있어[3]~[6], 기준 부적합의 판정 이유에 대해 설명할 수 있다. 그 때문에 용출액의 pH를 측정하는 것은 조작순서에 기재되어 있지 않지만, 분석자가 데이터 제출 시에 필요한 것이라는 것을 확신한다.

그림 2.7에 산업폐기물 용해 슬래그를 예로 pH와 용출량의 관계를 나타냈다. 용해 슬러그란 폐기물을 1,200℃ 이상으로 용해시키고 유리 상태로 해 냉각한 것으로, 토양

표 2.9 토양 3종류의 전체 함유량, 함유량, 용출량[2]

원소명	마사토			관동 토양			후지모리 점토		
	전체함유량[*1] [mg/kg]	함유량[*2] [mg/kg]	용출량[*3] [mg/kg]	전체함유량[*1] [mg/kg]	함유량[*2] [mg/kg]	용출량[*3] [mg/kg]	전체함유량[*1] [mg/kg]	함유량[*2] [mg/kg]	용출량[*3] [mg/kg]
Al	82 000	4 400	<0.01	100 000	72 000	<0.01	84 000	2 900	13
As	5	<2	0.012	10	<2	0.005	17	4	0.057
B	—	200	0.09	—	34	0.04	—	28	<0.01
Ba	960	200	0.23	160	23	0.02	420	11	0.30
Be	0.9	0.3	<0.01	0.4	0.4	<0.01	1.5	0.5	<0.01
Ca	2 000	560	1.1	3 200	1 000	47	4 600	1 900	1 400
Cd	<1	<1	<0.004	<1	<1	<0.002	<1	<1	<0.035
Co	13	0.7	<0.02	56	18	<0.02	17	3.6	2.5
Cr	38	1.2	<0.01	100	15	<0.01	49	2	0.14
Cu	11	3	<0.01	170	42	<0.01	20	16	1.7
Fe	16 000	1 600	8.8	61 000	22 000	<0.01	29 000	5 400	320
K	52 000	480	12	13 000	170	7	41 000	240	4
Mg	2 800	440	1.1	10 000	1 000	4.8	5 900	1 100	630
Mn	680	58	0.32	1 600	550	0.40	420	150	110
Mo	<1	<0.7	<0.02	<1	<0.7	<0.02	1	<0.7	<0.02
Na	12 300	300	15	6 500	130	11	15 500	70	3
Ni	22	1.7	<0.02	55	4.5	<0.02	22	5.3	3.1
Pb	18	2.6	0.013	12	5.5	0.002	27	2.3	0.062
Sb	<0.5	<0.5	<0.002	<0.5	<0.5	<0.001	<0.5	<0.5	<0.001
Se	<3	<3	<0.02	<3	<3	<0.01	<3	<3	<0.03
Si	—	2 400	80	—	37 000	50	—	1 020	34
Sr	74	11	0.02	33	9	0.22	88	11	3.5
Ti	2 700	43	1	9 700	1 700	<0.01	5 000	55	0.05
Tl	0.9	<0.5	<0.002	0.8	<0.5	<0.001	1.1	<0.5	0.002
V	53	4	0.03	380	140	<0.0 2	89	5	0.07
Zn	53	7	0.01	110	17	<0.01	93	29	14
pH	—	—	6.71	—	—	6.14	—	—	3.33
EC (S/m)	—	—	1.13	—	—	4.38	—	—	161.8

*1 전체 함유량 : 알칼리 용융($LiBO_2$)-ICP 발광분광 분석법 및 ICP 질량 분석법에 따르는 분석값
*2 함유량 : 토양오염 대책법 시행규칙에서 말하는 함유량(환경성 고시 제4호)으로 1mol/L 염산의 추출액 분석값
*3 용출량 : 토양오염 대책법 시행규칙에서 말하는 용출량(환경성 고시 제18호)으로 물 용출액 분석값
　(단위 : mg/kg, 용출농도를 10배로 한 환산값)

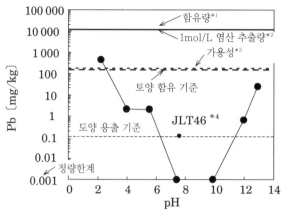

*1 함유량은 전체 함유량을 의미한다.
*2 1mol/L 염산 추출량은 토양오염 대책법에서 말하는 함유량이다.
*3 가용성은 환경 내 잠재적 최대 용출량이다.
   pH7 및 pH4 용출액의 총합으로 표시된다.
*4 JLT46은 토양오염 대책법에서 말하는 함유량이다.

그림 2.7 용출액의 pH에 따라 다른 용출량의 예
(산업폐기물 용융 슬래그의 Pb)

의 노반재 등 토목에 이용된다. 그림에서 가리킨 것처럼 Pb는 양성원소로 산성에서도 알칼리성에서도 용해한다. Pb 이외에도 6가크롬(Cd(Ⅵ)), As, Zn 등은 양성원소이며 똑같은 pH 의존성 용출량 패턴을 나타낸다(참고 문헌 2)~5) 참조). 산성에서 금속의 용출량이 증가하는 것은 일반적이지만, 알칼리성의 용출액에도 주의가 필요하다.

후지모리 점토의 용출이 마사토나 관동지방 대지를 덮고 있는 화산흙에 비해 Pb의 토양 용출량이 많았던 것은 용출액의 pH가 3.3으로 산성이었기 때문이라고 할 수 있다. 알칼리성 토양으로서 자주 연약지반을 시멘트나 소석회로 처리하는 경우가 있다. 이러한 처리사에서는 알칼리성 용출액이 되어 Pb, Cr, As와 같은 금속이 용출되는 경우가 있다.

토양 용출시험에서 유의해야 할 점을 정리한다.

① 용출시험은 토양에 대해서 10배 양의 물(이온교환수, 순수도 됨)에서 용출하지만, 진탕 시에 토양과 물이 충분히 혼합하고 있음을 확인한다. 그 때문에 용기에 대해서 용매의 양은 1/2 정도로 하는 것이 좋다.

② 여과 후의 용출액이 탁해지는 경우가 있지만 $0.45\mu m$ 이하의 콜로이드 입자는 환경 영향이 있는 물질량으로서 전량을 용출량으로 한다.

③ 용출액의 pH와 전기전도율은 측정하여 기록에 남겨 두는 것이 바람직하다. 용출액의 탁해짐, 착색도 기재해 두는 것이 좋다.

④ 기준 부적합 시료에 대해서는 타 기관과의 상호검증 가능성이 있으므로 보존기간을 길게 한다.

⑤ 자연토양에서도 산성토에서는 용출액이 산성이 되어 용출량이 증가하는 경우가 있다.

오염토양은 '오염되지 않은 자연토양+폐기물(액상을 포함한다)'이라고 할 수가 있다. 폐기물은 일반토양과 달리 다양한 물질을 포함하고 있다는 것은 경험을 통해 알 수 있다. 초보자가 토양 용출시험을 실시할 때는 영향을 주는 인자가 pH, 이온강도(공존염류), 용해성 유기물임을 알고 시료를 잘 관찰할 것(이물의 발견)과 pH 및 전기전도율을 측정할 것을 추천한다. 적어도 시험값이 높은 원인은 파악할 수 있다.

용출시험의 정밀도는 썩 좋지 않다고 알려져 있다. 용출시험은 환경수에 비해 2단계 조작이 증가하고 그 정밀도는 4단계의 정밀도에 의해 정해진다.

$$\sigma^2_{\text{전체}} = \sigma^2_{\text{시료 채취}} + \sigma^2_{\text{용출조작}} + \sigma^2_{\text{용액 전처리}} + \sigma^2_{\text{화학분석}}$$

σ^2 : 분산. 분석값의 편차 크기를 나타내는 통계값

제1항과 제2항이 크게 영향을 준다. 제3항과 제4항은 일본공업규격(JIS)의 분석법에 따르는 경우 10%의 정밀도로 되어 있지만 용출조작을 포함한 경우, 경우에 따라서는 한 자릿수 다른 것도 있을 수 있다.

토양 용출시험은 '검사(적합이나 부적합인지를 결정한다)'이므로 정밀도가 거론되지만 실내 정밀도보다 실간 정밀도가 환경수에 비해 꽤 나쁜 것은 제2항의 용출조작에 의하기 때문이라고 생각된다. 용출시험 조작에서는 상세한 순서가 기재되어 있지 않다. 전적으로 분석자의 의지(무엇을 위해서 분석하는지 그리고 어느 기관이 실시해도 되는 조작을 스스로 선택한다)에 달려 있는 점이 용출조작의 정밀도에 영향을 주어 왔다고 말할 수 있다.

❖ 4. 일반 토양의 용출량

토양은 암석이 풍화해 생성한 거친 입자의 무기물(1차 광물)이나 콜로이드 형태의 무기물(점토 광물 혹은 2차 광물), 생물의 시체 등의 조대 유기물, 조대 유기물이 미생물 등의 분해자 작용 등에 의해 변질해 생기는 유기물(부식) 등으로 구성된다. 전항에서 자연토양에서도 용출량이 많다고 설명했지만, 일반 토양의 용출량을 알아 두는 것이 유익하다.

표 2.9에 나타낸 일반토양 3종류 가운데 마사토는 풍화 화강암이며 유기물이 적은 점토광물 중심의 토양이며, 관동지방 대지를 덮고 있는 화산흙은 화산재흙의 퇴적물로

Fe 및 Al 함유량이 많은 토양이다.

마사토, 관동지방 대지를 덮고 있는 후지모리 점토는 각각 용출액 pH가 6.7, 6.1, 3.3이며, 후지모리 점토가 산성토양이라는 것은 앞서 말했다. 또 전기전도율은 1.13, 4.38, 162mS/m이며 표 2.8의 전기전도율 표로부터 염농도는 NaCl 수준으로 대략 5, 10, 500mg/L정도임을 알 수 있다.

마사토에는 나트륨(Na)과 칼륨(K)이 많고, 관동지방 대지를 덮고 있는 화산흙과 후지모리 점토에는 Ca의 농도가 탁월하다.

3종류 모두 규소(SO)의 용출량이 34~80mg/kg이며, 콜로이드 상태의 점토광물이 용출액에 포함되어 있을 가능성이 있다. 후지모리 점토는 산성이기 때문에 Fe가 320mg/kg, Mn가 110mg/kg, Zn가 14mg/kg, 또한 Ni, Co, Cu 등이 2~4mg/kg 용출되었다. 모든 금속의 용출률을 기하평균하면 마사토는 0.02%, 관동지방 대지를 덮고 있는 화산흙은 0.05%, 후지모리 점토는 0.66%이었다. 다양한 폐기물을 취급해 온 경험을 통해 보면 천연 토양으로부터의 Na 및 K의 용출률은 매우 낮아 0.1%를 넘지 않는다.

폐기물은 Na 및 K의 용출률은 높고 이러한 원소는 토양이 폐기물(액상을 포함한다)로 오염되어 있는지를 판정하는 기준이 될지도 모른다. 일본 전국에는 다양한 토양이 있어, 천연토양에서도 환경기준에 가까운 용출량을 나타내는 경우도 있다. 불법투기가 의심되는 지역의 토양조사에 대해 비오염 토양의 분석이 필요한 경우도 있을 것이다.

❖ 5. 토양 함유시험

토양오염 대책법에서 말하는 토양 함유시험의 대상물질은 다음과 같은 무기물질 9항목이다.

• Cd, Cr(VI), 시안 화합물, 수은 화합물, Se, Pb, As, F, B

휘발성 유기화합물류(VOC), 폴리염화비페닐류(PCB), 농약류에 대해서는 함유량 기준은 설정되어 있지 않다.

휘발성 유기화합물류는 하층으로의 이동성이 높고 또 휘발성이 높기 때문에 장기간에는 표면토양에 축적하지 않는다고 생각되었다. 다만 토양 상황 조사에 대해 VOCs는 토양가스 조사를 실시해 검출되었을 경우에는 토양 용출시험을 실시하는 것으로 하고 있다. PCB는 축적성이 있지만 독성이 높은 다이옥신류의 규제에 의해 달성할 수 있는 것으로서 현재로서는 규제가 보류되었다. 농약류는 토양 내에서의 분해가 빠르기 때문에 함유기준은 설정되어 있지 않다.

기본적인 개념은 토양을 섭취해 소화기관에서 용해·흡수되는 물질량을 측정하는 것이다. 이것은 Bioavailability(생물 흡수성)라 불리는 개념으로, 식물이 토양으로부터 흡수하는 양으로서 농학에서는 옛날부터 연구되고 있다. 토양 내 금속류가 사람의 건강에 미치는 영향과 관계해 흡수량을 포함해 리스크를 평가할 필요가 있다고 Kelley[8]는 주장한다. 실제로는 동물실험을 포함해 흡수율을 구하지 않으면 안 되어 현실적인 대응으로서는 토양으로부터 용해하는 성분을 구하는 Bioaccessibility(생물 체내로의 이행성)로 평가하게 된다.

인간의 위는 위산이 있으므로 pH는 1~2이다. 위에서 용해한 물질이 장에서 흡수되고 혈액으로 이행한다. 장에서의 흡수율은 토양의 종류에 따라 그리고 사람에 따라, 물질에 따라 다르기 때문에 위산으로 용해하는 양을 평가대상으로 한다. 법 제정 시의 검토에 의하면, 사람은 토양을 1일 100mg(아이는 200mg) 섭식한다[9]. 먹는 토양의 양과 위산 농도와 양으로부터 생각하면 100mg의 토양을 0.1mol/L 정도의 염산 1~2L로 추출하는 것이 타당하다.

액고비로 말하면 10,000에 상당한다. 섭식 리스크를 상정하면 이렇게 되지만, 시험·검사를 실시하는 실무적인 관점에서 말하면 100mg은 너무 적어 대표성에 문제가 생기고, 또 정밀도를 충분히 담보할 수 없다. 또 용매 1L로 하면 검액량이 많아 다량의 폐산이 생긴다. 따라서 산농도를 진하게 해 용매량을 줄여 1mol/L 염산 추출(액고비 100/3)이 된 것이라고 추측된다.

Bioavailability나 Bioaccessibility의 개념을 받아들인 것은 토양에 포함되는 물질의 전체 함유량이 체내에 받아들여지는 것은 아니기 때문에 토양의 전체 함유량을 측정하는 것에 의해 과대평가되는 것을 피하기 위해서였을 것으로 생각된다. 암석 성분의 규산 골격 내에 존재하는 금속량은 생체 내에서 많이 용해하지 않는다. 모식적으로 나타낸 것을 그림 2.8에 나타낸다.

Tessier[10]가 제안한 토양성분을 정성적으로 분리 추출하는 축차 추출법이다. 수용성·이온성 성분은 물 용출법이나 염화칼륨 추출법에 따라 나눈다. 탄산염·산화물은 염산 추출법에 따라 분리한다. 여기서 규산염 화합물이나 난용해성 성분은 강산 가열에 의해서도 용액화하지 않는다. 체내에 들어가도 용해하지 않고, 체외에 배설되는 것과 같은 분획을 평가하지 않는 시험법이라고 할 수 있다. 1mol/L 염산 추출에 의해 탄산염·산화물 및 유기물의 일부가 용해한다. 토양오염 대책법의 제정 시에 검토된 예로서 그림 2.9에 전 함유량에 대한 난용성 성분(여기에는 강산 가열의 잔사)의 비율이 제시되어 있다[9].

이것에 의하면, 전체 함유량이 많을수록 난용성 성분이 적다. 즉, 오염토양은 산에 잘 용해함을 의미한다.

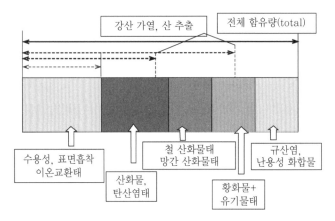

그림 2.8 토양 중 금속의 전체 함유량과 산 추출량

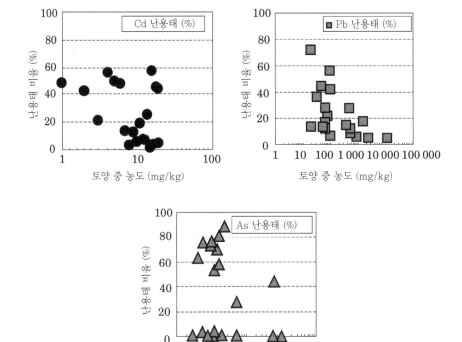

그림 2.9 토양 중 금속농도와 난용성 성분

Cr(Ⅵ)과 시안에 대해서는 1mol/L 염산은 이용되지 않았다. Cr(Ⅵ)을 산성 측에서는 Cr(Ⅲ)이 되어 측정할 수 없기 때문이다. 저질 조사법[11]에서는 Cr(Ⅵ)은 용출시험에 의한 방법이 채용되고 있다. 알칼리 완충액에 의한 추출법은 Cr(Ⅵ)의 추출률이 물추출보다 높으므로 토양오염 대책법의 함유량 시험으로서 채용되고 있다. 또 시안은 산성으로 하면 시안화수소가 발생해 휘산해 버리기 때문에 1mol/L 염산 추출을 채용할 수 없다.

✦ 6. 토양 함유시험의 검액 작성

환경성 고시 제19호를 기초로 그림 2.10에 검액 작성순서의 개요와 유의사항을 나타낸다.

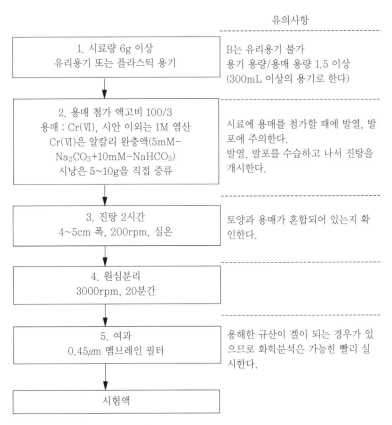

그림 2.10 함유량 시험의 검액 작성순서와 유의사항

[1] 1mol/L 염산 추출법(Cd, 수은 화합물, Se, Pb, As, F, B)

시료 6g 이상을 칭량해서 1mol/L의 염산을 중량 체적비 3%의 비율로 혼합한다.

조제한 시료액을 상온에서 2시간 연속해 진탕한다. 진탕용기는 폴리에틸렌 용기 또는 측정 대상 물질이 흡착 혹은 용출하지 않는 용기로 하고 용매의 1.5배 이상의 용적인 것을 이용한다. 즉, 최저 6g으로 200mL의 1mol/L 염산을 이용하기 때문에 용기는 300mL 이상이 아니면 안 된다.

상기의 진탕에 의해 얻어진 시료액을 10분~30분 정도 놔둔 후, 필요에 따라 원심분리해 상증액을 직경 $0.45\mu m$의 멤브레인 필터로 여과해서 여액을 뽑아 정량에 필요한 양을 정확하게 측정해 이것을 검액으로 한다.

[2] 알칼리 추출법 (Cr(VI))

시료 6g 이상을 칭량해 시료(단위 : g)와 용매(순수에 탄산나트륨 0.005mol(탄산나트륨(무수물) 0.53g) 및 탄산수소나트륨 0.01mol(탄산수소나트륨 0.84g)을 용해해 1 L로 한 것)(단위 : mL)를 중량 체적비 3%의 비율로 혼합한다. 진탕 이후의 조건은 [1]과 같다.

[3] 직접 증류법(CN)

CN은 총시안이 아니고 유리 시안(시안 이온+시안화수소)으로서 측정하는 방법이다. 또 철시안 착체의 분해를 억제하는 데 초산아연을 첨가해 pH4~5에서 증류한다. 토양에는 황화물이 포함되어 증류액이 황(S)으로 백탁하는 경우가 있다. 초산아연 암모니아 용액에 의해 침전 제거해 재차 증류한다.

이러한 조작을 실시힐 때 유의짐을 이하에 설명한다.

자주 일어나는 것은 1mol/L 염산을 이용하기 때문에 토양시료에 탄산염, 알칼리 성분, 금속이 포함되어 있을 때는 발열한다. 탄산염이나 금속을 포함한 경우는 이산화탄소 혹은 수소를 발생한다. 이러한 경우는 발열이 끝나고 나서 혹은 가스 발생이 끝나고 나서 진탕을 개시한다. 가스 발생은 눈으로 볼 수 있으므로 용기를 밀폐해 손으로 흔들어 섞어 가스빼기를 한다. 염산을 비교적 많이 사용하므로 드래프트 근처에서 실시하는 것이 바람직하다. 진탕기에 용기를 세트하려면 밀폐되어 있는지 확인해 둔다. 누설된 용매가 적어져 측정값에 영향을 미치고 또 염산이 진탕기에 걸려 장치를 손상시키게 된다. 토양에 따라서는 산에 용해하기 쉬운 규산질 성분(결정사슬이 짧다)을 포함한 경우가 있다.

토양은 아니지만 유리질 용해 슬래그 등에서는 자주 발견된다. 염산에 의해 규산 골격이 무너지지만 용해한 규산이 겔 형태가 되어 흰 침전이 된다. 이러한 경우는 겔 내에 포함될 가능성이 있기 때문에 가능한 한 화학분석을 빨리 실시한다. 그렇지 않은 경우에는 희석하는 것도 하나의 방법이다. 5배 희석에 의해서도 pH는 1 정도가 유지되기 때문이다.

❖ 7. 함유량 분석 시 유의점

토양 함유시험에 의해 얻어진 검액은 1절(환경수의 전처리)에서 언급한 전처리를 거쳐 화학분석에 제공한다. 검액은 염산에 의한 추출액임을 충분히 숙지하고 취급할 필요가 있다. 분석의 각론은 별도의 장에서 상술하겠지만, 함유시험의 전처리를 중심으로 유의사항을 설명하고자 한다.

각 원소 공통적으로 유의해야 할 점은 다음과 같다.

① 염소를 3.6% 포함한 1mol/L 염산 용액이다. 염소의 방해에 주의한다.
② Na, K, Ca 등의 알칼리 금속, 알칼리토류 금속뿐만 아니라 Fe나 Al 등 토양의 주성분 원소의 용해량이 많아 공존원소의 방해에 유의한다.
③ 전처리(유기물 등 현탁물의 산분해) 시에 산의 종류. 염산 용액이므로 염화물로서 휘산할 가능성이 있는 물질 혹은 가열에 의해 침전 생성이 일어나는 경우에 주의하지 않으면 안 된다. 가열 분해에서는 질산을 첨가하는 것이 무난하다고 생각된다.
④ 검액 안에 Ca이 많은 경우는 황산을 첨가하면 황산칼슘의 침전을 생성하는 경우가 있다.

추출액이 맑고 깨끗한 경우는 전처리 없이 실시할 수도 있다. 조작상의 오염이나 공존물질의 방해를 고려하면 정성분석이 가능한 장치(ICP 발광분광 분석 등)가 있는 경우에는 미리 정성분석해 방해물질을 확인하면 좋다.

환경성이 실시하고 있는 통일 정밀도 관리조사에서는 2003년에 오염토양의 Pb(오염 대책법의 함유 기준 대응 고시 제4호 시험)가, 2002년에는 '저질 조사 방법'에 따른 토양의 Hg, Cd, Pb가, 또 1996년에는 질산 추출법에 의한 매진의 Cd와 Pb를 조사 대상으로 하였다. 그 결과 보고[12]는 조사 참가자로부터의 질문과 답변 형식으로 정리되었다. 전처리 및 정량에 관해서 다음과 같은 의견·문제점이 나왔다.

① 산분해 중에 다량의 침전이 생성되었다.

② 갑자기 끓지 않게 주의했다.

③ 말라서 굳지 않게 주의했다.

④ 산분해 중의 오염이 없게 주의했다(유해원소 분석용 산을 이용했다).

⑤ 공존물질이 많기 때문에 용매 추출을 이용했다(Cd, Pb 등).

⑥ 용매 추출–신 역추출에 의해 오염이 일어났다.

⑦ 공존물질이 많기 때문에 표준첨가법을 이용했다.

Fe나 Al 등이 수천 mg/L 존재하는 경우가 많아 방해물질이 되는 것을 알 수 있다. 오염토양은 폐기물(액상·고체)이 원인이 되기 때문에 폐기물 분석에 숙련되어야 한다. 폐기물에 관해서는 분석 매뉴얼이 발행되어 있어 유의사항에 관한 대처 방법이 많이 게재되어 있으므로 참고하기 바란다. 이하 분석 원소별로 기재한다.

Cd, Pb의 분석

염산 추출액을 전처리한 후 원자흡광 분석법(프레임, 전기가열), ICP 발광분광 분석법, ICP 질량 분석법에 의해 측정한다.

원자흡광 분석법(AAS)은 검액 내에 Cd가 0.1mg/L 이상 또 Pb가 1mg/L 이상에서는 직접 프레임 원자흡광 분석법에 의한 측정이 가능하지만, 공존물질의 영향이 예상되기 때문에 표준첨가법에 의한 보정을 빠뜨릴 수 없다. 프레임 원자흡광 분석법에 따라 대략의 농도를 파악하는 것도 좋다.

공존물질의 방해를 제거하기 위해서 킬레이트–용매 추출을 채용하는 경우가 많다. 유의해야 할 점은 다량으로 공존할 가능성이 높은 Fe의 침전을 마스킹하는 데 필요한 구연산암모늄의 양 및 디에틸디티오카르바민산나트륨 등의 킬레이트화제의 양을 늘릴(농도 또는 양) 필요가 있다는 것이다.

또 다량의 금속 킬레이트가 생성·침전해 1회의 용매 추출로 모두 추출할 수 없는 경우도 있다. 금속 킬레이트 생성(침전)을 육안으로 볼 수 있을 때는 킬레이트화제 및 용매를 추가한다. 용매량이 다량으로 침전되는 경우는 용매를 직접 원자흡광 분석법으로 측정할 수 없기 때문에 역추출 혹은 용매 휘산–질산·과염소산 분해 후 질산용액으로 한다.

전기가열 원자흡광 분석법(ETAAS)은 검액 내의 염소량이 많기 때문에 건조 시 갑자기 끓어오르는 것에 주의해 온도를 설정하고(서서히 온도를 준다), 회화 시 휘산을 막는 것(통상보다 저온)에 유의해야 한다. 질산 팔라듐 등의 첨가에 의해 어느 정도 공존물질의 방해를 없앤다고 해도 표준첨가법에 의한 보정이 필요하다고 생각된다.

CHAPTER 2

ICP 발광분광 분석법은 Cd : 214.438nm에서 0.01mg/L 이상; Pb: 220.351nm에서 0.1mg/L 이상의 측정이 가능하다. 내부표준으로서 이트륨(Y)을 이용하지만 폐기물을 포함한 오염토양에 염산 추출한 용액 안에 이것이 포함되는 경우가 있어, 존재할 경우는 내부표준으로서 사용할 수 없다. 염류 등의 공존물질량이 많은 경우는 물리 간섭뿐만 아니라, 플라즈마 상태의 변화에 의해 발광 강도가 변동하기 때문에 표준첨가법에 의한 보정이 필요하다고 생각된다.

ICP 질량 분석법은 ICP 발광분광 분석법보다 고감도(ppb 오더 이하)이며, 희석해 측정할 수가 있다. Cd는 질량수/전하수(m/z)=111, Pb는 m/z=208, 207, 206에 따라 측정한다. Cd의 경우 염화물이나 산화물의 영향은 적지만, 시험액 내에 존재할 가능성이 높은 Fe의 2량체가 겹친다. Pb는 거의 측정 질량에 있어서의 중첩은 없다. 내부표준으로서 Y 또는 인듐(In)이 이용되지만, Y보다 In 쪽이 시험액 안에 존재할 가능성은 낮다고 생각된다.

2002년도 환경성 통일 정밀도 관리조사의 결과에서는 분석방법과 정량값에 있어서 프레임 원자흡광 분석법과 ICP 질량 분석법(내부표준 또는 표준첨가)은 정확히 일치했지만, 전기가열 원자흡광 분석법과 ICP 발광분광 분석법은 약간 높은 값을 나타낸다고 설명되어 있다.

Pb에 대해서는 전기가열 원자흡광 분석법이 높고 ICP 발광분광 분석법이 낮은 값이며, 2003년의 토양분석에서도 같은 결과를 얻었다[12]. 분석 정밀도는 변동계수로 30% 정도로 수질분석보다 정밀도는 좋지 않다. 전처리의 용액화 조작 및 공존물질이 영향을 미친 것으로 보인다. 정밀도 관리조사에서 기각된 많은 예는 단순 실수가 많아 토양의 통상값에 대한 지식이 필요하며, 또 표준물질에 의한 정밀도 관리도 빠뜨릴 수 없다.

As, Se의 분석

As, Se은 염산 추출액을 전처리 후 Zn이나 수소화 붕소나트륨의 수소 발생에 의해 수소화비소 또는 셀렌화수소로서 가스 상태로 한 후 원자흡광 분석법, ICP 발광분광 분석법에 의해 측정한다. As는 흡광광도법도 채용되고 있지만, Se는 채용되고 있지 않다. 공존물이 많은 함유량 분석에는 흡광광도법으로는 변동이 커서 몇 차례의 평행분석과 표준첨가법을 채용하는 것이 바람직하다.

As, Se 분석 전의 산분해는 황산+질산을 이용하고 황산 백연을 확인해 측정에 방해되는 질산을 휘산시킨다. 그때 추출액 안에 Ca이 다량 있으면 황산칼슘의 침전이 생긴다. As도 Se도 산화 분해할 때는 As(V), Se(VI)로 산화수가 높은 상태여서, 측정 전에 예비 환원으로서 각각 As(Ⅲ), Se(Ⅳ)로 한다. As에 대해서는 Zn을 이용하는 수소화물 발생법에서는 예비 환원에 Fe(Ⅲ), 염화주석(Ⅱ) 및 요오드화칼륨 용액을 이용한다. 수소화 붕소나트륨의 경우는 요오드화칼륨 용액만 이용한다. 한편 Se의 예비 환원에서는 염산(1+1) 내에서 90~100℃로 가열한다(요오드화칼륨은 방해되므로 이용하지 않는다). 예비 환원 방법이 다르기 때문에 ICP 발광분광 분석법에서는 As와 Se의 동시 측정은 할 수 없다.

As도 Se도 수소화물을 발생시키는 원소(안티몬(Sb), Pb, 주석(Sn))나 Fe 등이 방해한다. 토양 내에는 Fe가 수 % 포함되어 있고 추출액 안에는 1000mg/L 정도 존재한다고 예상된다.

특히 Pb에 오염된 토양에서는 주의가 필요하다. 토양의 함유량 시험에서는 다른 물질의 존재량이 불명확한 경우 수소화물 발생법으로는 방해물질을 예측할 수 없으므로 표준첨가법에 의한 보정이 필요하다. 또 ICP 발광분광 분석법 및 ICP 질량 분석법에서는 추출액의 분해액을 수소화물을 이용하지 않고 직접 측정해 개략적인 농도를 아는 것은 유효하다. 또한, Se의 측정에 대해 요오드칼륨이 방해하기 때문에 같은 장치로 Se와 As를 연속 측정할 때 As 분석 후에 Se를 분석하면 가스 유로에 영향이 남는 경우가 있으므로 측정순서에 유의해야 한다.

B의 분석

B는 메틸렌블루 흡광광도법, ICP 발광분광 분석법, ICP 질량 분석법에 의해 측정한다.

B의 측정에서 가장 중요한 것은 붕규산 유리의 유리용기·기기를 사용해선 안 된다는 점이디. 유리기구는 석영 또는 소다석회 유리, 폴리에틸렌 용기·기구를 이용한다. B의 존재 형태는 대부분이 붕산이어서 유기붕소 화합물의 가능성이 적을 것으로 생각되는 점, 또 필자의 경험으로는 공업폐수 등에서 산가열하면 B농도가 저하하는 경우가 있으므로 산분해를 하지 않고 직접 정량조작에 들어가도 좋다고 생각된다. JIS K 0102 47.1의 흡광광도법의 주(1)에서는 유기물이 많은 경우는 시료액을 증발 건조해 굳힌 후 알칼리 용융하여 산으로 용해시키게 되어 있어 농축조작을 실시했을 경우는 알칼리 용융−산용해 조작이 필요할지도 모른다.

ICP 발광분광 분석법은 JIS K 0102에서는 측정파장 249.773nm에서 측정하도록 되어 있다. Fe가 공존하면 해당 파장 및 249.678nm는 분광 간섭에 의해 분해능을 측정할 수 없는 경우가 있다(분해능이 낮은 경우나 고농도 Fe의 존재). 그 경우는 208.956nm를 이용한다. 함유량 분석에 있어 208.956nm를 이용하는 것이 좋은 대책이라고 생각된다. 또 시료액이 유로 및 토치에 잔류해 메모리 효과가 커서 유로는 충분히 세정해야 한다.

F의 분석

F는 염산 추출액을 증류한 후 흡광광도법 또는 증류 후 이온 크로마토그래피법에 의해 정량한다. 이온 크로마토그래피법을 이용할 때는 염소이온이 다량으로 있기 때문에 불소 이온과의 분리에 유의해야 한다.

Hg의 분석

Hg는 황산+질산+과망간산칼륨+퍼옥소이황산칼륨을 이용해 유기물을 분해한 용액을 염화제일주석 용액으로 환원해, 생성한 Hg 원자를 원자흡광 분석법으로 측정한다. 황산을 이용하기 때문에 다량의 Ca이 있으면 황산칼슘의 침전이 생긴다. 또 염산 추출액이며 해수와 동일한 정도의 염소이온을 포함하기 때문에 과망간산칼륨을 다량으로 소비한다. 발생하는 염소가스는 유독하기 때문에 분해는 드래프트 근처에서 실시한다. 유리염소가 분해액 안에 남으므로 염산히드록실아민을 다소 과잉으로 넣는다. 그때에는 염화제일주석 용액을 첨가하기 전에 버블링을 실시해 253.7nm의 빛을 흡수하는 물질을 제거한다.

염산에 의한 추출액에는 공존물질이 많아 염화주석을 넣어 측정할 경우에 표준액보다 발포하기 쉽거나 혹은 어려운 시료도 상정된다. 발포하기 쉬운 시료는 소포제로서 인산트리부틸 등을 이용해도 괜찮다. 원자상 Hg 가스의 발생속도가 다를 때 피크 높이로 검량선을 작성하면 오차를 일으키므로 표준첨가법으로 보정해야 한다.

❖ 8. Cr(VI)의 알칼리 용액 추출과 측정

Cr(VI)은 알칼리 용액($0.005mol-Na_2CO_3+0.01mol-NaHCO_3$)에 의해 추출한다. 시료액이 착색되거나 탁하지 않은 경우는 디페닐카르바지드 흡광광도법은 방해가 적어 일반적으로 이용되는 방법이다. 토양에 따라서는 부식물질이 추출되어 착색용액이 되는 경우도 예상된다. 그 경우 이 방법으로는 대처할 수 없다.

그림 2.11에 토양의 물 추출과 알칼리 용액 추출에 의한 Cr^{6+} 용출량의 차이를 나타낸다.

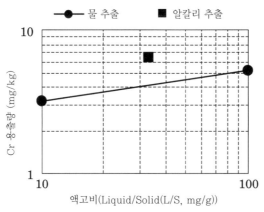

그림 2.11 물 추출과 알칼리 추출에 의한 Cr(VI)의 용출량 차이(시멘트 처리토, pH11)

물에 의한 추출의 액고비는 10과 100(10g/100mL, 10g/1000mL)이다. 액고비가 커질 경우 용출량이 증가하는 경우를 용해도 지배라고 한다. 이 토양은 액고비 100 쪽이 용출량이 증가하고 있어 용해도 지배라고 생각된다. 알칼리 용액 추출은 액고비 33.3이며, 액고비 100의 물 추출 용출량보다 많아 용매에 의한 용출량의 증가가 보인다.

원자흡광 분석법에서는 Cr(III)을 분리해야 한다. 프레임법에서는 수산화제2철과의 공침에 의해 Cr(III)을 제거한 용액을 검액으로 한다. 암모니아수로 알칼리성으로 만들 때, 과잉으로 넣으면 착이온($Cr(NH_3)_6^{3+}$)이 생성될 가능성이 있으므로 주의한다. 공존물이 적은 경우는 아세틸렌-공기계에서는 다연료 프레임에 의해 감도는 상승하지만 공존물이 많아지면 간섭을 받으므로 소연료 프레임으로 실시하는 편이 무난하다. 트리옥틸아민 용매(초산부틸 등) 추출 원자흡광 분석법에 의하면 시료액 내의 Cr(III)을 제거하지 않고 추출할 수 있다.

용매를 직접 프레임에 도입하기 때문에 다연료 프레임이 되어 감도가 향상되고 또 농축조작도 더해지므로 감도가 한층 더 오른다. 시료액 내의 Fe나 Mn의 존재에 의해 추출이 불완전해지지만, 토양을 알칼리 추출하기 때문에 추출액에는 많이 존재하지 않을 것이다. 토양으로부터의 추출액이 착색하거나 탁한 경우에도 유효하다.

전기가열 원자흡광 분석법에서는 Cr(III)을 제거한 시료액을 이용해 정량한다. ICP 발광분광 분석법 및 ICP 질량 분석법에서도 마찬가지로 Cr(III)을 제거한 시료액을 이용해 정량한다. ICP 발광분광 분석법에서는 발광선 206.149nm가 채용되고 있다. 267.716nm 및 205.560nm는 고감도이며 방해도 적어 채용 가능하다. ICP 질량 분석법에서는 $m/z=52$를 통상 이용한다. 방해질량을 가지는 것으로서 ArC가 있지만 유기물을 포함한 경우에는 주의하지 않으면 안 된다. $m/z=53$을 동시에 측정해 Cr의 존재를 확인하면 된다.

9. 일반토양의 함유량

마사토, 관동지방 대지를 덮고 있는 화산흙, 후지모리 점토의 전체 함유량, 함유량(1 mol/L 염산 추출량)을 표 2.9에 나타냈다. 토양오염 대책법의 함유량의 전체 함유량에 대한 비율(추출률)을 각 원소에 대해 구해 그것들을 기하 평균한 값을 보면 마사토가 7.2%, 관동지방 대지를 덮고 있는 화산흙이 17%, 후지모리 점토가 7.5%였다. Pb는 각각 14%, 44%, 8.3%로 평균보다 추출률은 높은 경향에 있고 Ni, Cu, Co와 같은 금속류도 높다. 이에 대해, 특징적인 것은 Na과 K의 추출률이 매우 낮은 것이다. 모두 1% 이하에서 2%까지다. 폐기물 등에서는 1mol/L 염산 추출에 의하면 100% 가까운 추출률인 반면, 천연토양의 경우는 1~2%이다. 용탈하기 쉬운 원소이기 때문에 풍화에 의해 이미 용탈해 산에 대해서 저항이 있는 2차 광물을 만들고 있기 때문인 것이라고 생각된다. Na이나 K의 1mol/L 염산 추출량의 비율은 천연토양의 지표라고도 할 수 있다.

참고문헌

1) 環境省環境管理局：「平成 15 年度環境測定分析統一精度管理調査結果」（平成 16 年 6 月）

2) 貴田晶子，宇智田奈津代，酒井伸一：「溶融スラグおよび土壌中に含まれる金属類の塩酸抽出量」，第 16 回廃棄物学会講演論文集，pp. 654‐656，廃棄物学会，2005

3) J. J. Dijkstra, J. C. L. Meeussen and R. N. Comans : "Leaching of Heavy metals from Contaminated Soils : An Experimental and Modeling Study", Environ. Sci. & Technol., 38, 16, pp. 4390‐4395, 2004

4) H. A. van der Sloot and E. Mulder : "Test Method to assess environmental Properties of Aggregates in Different Applications : the Role of EN 1744‐3", ECN‐C‐02‐011 (http://www.ecn.nl/docs/library/report/2004/c04060.pdf)

5) H.A. van der Sloot and J.J. Dijkstra : "Development of Horizontally Standardized Leaching Tests for Construction Materials : a Material based or Release besed Approach?", ECN‐C‐04‐069

(http : //www.ecn.nl/docs/library/report/2002/c02011.pdf)

6) 貴田晶子，野馬幸生：「廃棄物の溶出特性」，廃棄物学会誌，7, 5, pp. 410‐421, 1996

7) 国立環境研究所：「平成 13 年度環境省受託業務結果報告書スラグ等再生利用促進調査」（平成 14 年 3 月）および「平成 14 年度同上調査」（平成 15 年 3 月）（引用した図はこれを用いて筆者が作成）

8) M. E. Kelley, S. E. Brauning, R. A. Shoof and M. V. Ruby : "Assessing Oral Bioavailability of Metals in Soil", Battelle Press, 2002

9) 中央環境審議会土壌農薬部会土壌汚染技術基準等専門委員会「土壌汚染対策法に係る技術的事項について（答申）」（平成 14 年 9 月 20 日）

10) A. Tessier et al. : "Sequential extraction procedure for the speciation of particulate trace metals", Anal. Chem., 51, 844, 1979

11) 環境庁水質保全局水質管理課：「底質調査方法（昭和 63 年 9 月 8 日付環水管第 127 号）」

12) 環境省ホームページ http : //www.seidokanri.jp，平成 15 年度統一精度管理調査結果，平成 14 年度統一精度管理調査結果；環境庁企画調整局環境研究技術課：平成 8 年度環境測定分析統一精度管理調査結果－ばいじん，模擬大気－，平成 9 年 3 月

13) 環境庁水質保全局海洋汚染・廃棄物対策室監修，（社）日本環境測定分析協会：「産業廃棄物分析マニュアル」，丸善，1997

3장

원자흡광 분석법

3-1 ◆ 머리말

원자흡광 분석장치는 1953년에 A. Walsh 박사에 의해 고안되어[1], 1955년에 처음으로 학회지에 발표되었다. 1960년대에는 백그라운드 보정법을 비롯한 원자흡광 분석장치의 기초가 되는 발견이 잇따랐으며, 최근의 전지기술 혁신에 수반해 발전하면서 장치의 하드웨어는 원숙기에 이르렀다.

최신장치는 PC에 의한 장치제어도 충실하고 오토샘플러의 성능도 현격히 향상되어 측정 자동화가 가장 많이 진행된 분석장치 중 하나가 되었다. 개개 원소의 측정조건에 관해서도 오랫동안 축적된 경험이 데이터베이스화되어 시판되는 대부분의 장치에서 미리 원소마다 설정되어 있다.

시료를 오토샘플러의 소정의 위치에 두고 버튼을 누르기만 하면 측정이 개시되어 목적원소의 원자흡수 신호를 얻을 수 있다. 그러나 사전에 장치에 설정된 측정조건은 표준액의 조성에 가까운 용액을 전제로 한 것으로, 비교적 공존염이 적은 시료에는 대응할 수 있지만 조성이 복잡한 시료에 대응하는 것은 아니다. 따라서 분석결과의 신뢰성이 항상 높다고는 말하기 어렵다. 측정조건은 분석장치의 초기 파라미터를 그대로 이용하지 않고, 측정자가 원자흡광 분석법의 원리나 분석장치, 시료의 매트릭스와 그 영향 또 전처리나 데이터 해석을 포함한 분석방법 전체를 충분히 이해한 다음 스스로 결정할 필요가 있다.

여기에서는 원자흡광 분석법 및 장치의 원리와 분석상의 유의점을 제시했다. 또, 원자흡광 분석장치를 이용해 물시료 및 토양시료를 분석하는 경우의 유의점에 대해 설명했다.

3-2 ◆ 원자흡광 분석장치의 기초 지식

❖ 1. 원자흡광 분석의 원리

원자흡광 분석법은 기저 상태의 원자 증기를 생성하고 이것에 광원의 빛을 입사하면 기저 상태의 원자가 그 수(농도)에 대응해 입사광을 정량적으로 **공명 흡수**(원자흡수)하는 현상을 이용해 목적원소의 농도를 구하는 방법이다.

원자흡광 분석법은 기저 상태의 원자증기를 생성시키는 방법(원자화 방법)의 차이에 따라 **플레임 원자흡광 분석, 전기가열−원자흡광 분석**으로 나눌 수 있다. 이러한 분석 방법은 분석에 필요한 감도, 재현성, 시료 양이나 목적원소의 성질 등에 따라 나누어 사용할 수 있다. 원소에 따라 다르지만 감도는 플레임 원자흡광 분석에 비해 전기가 열−원자흡광 분석이 3자릿수 정도 높고, 재현성은 플레임 원자흡광 분석이 1% 이내인 데 대해 전기가열−원자흡광 분석은 3% 정도이다. 또, 이들과는 달리 원자화부를 필요로 하지 않는 냉증기 원자흡광 분석도 있지만, 현재 상태로서는 수은(Hg) 분석에만 이용되고 있다.

원자흡광 분석장치의 측광원리를 그림 3.1에 나타냈다. 장치는 광원에 **중공음극램프**를 사용하고, 플레임 원자흡광 분석용 혹은 전기가열−원자흡광 분석용 원자화부와 분**광기, 검출기, 지시부**가 기본적인 구성요소가 되어 있다. 원자흡광 분석장치의 측광 원리는 광분석의 기초적인 장치인 분광 광도계와 비교하면 원자화부를 흡수 셀로서 생각했을 경우 분광기와 흡수 셀의 배치가 바뀌어 있지만 기본적으로 분광 광도계와 같다고 생각해도 좋다.

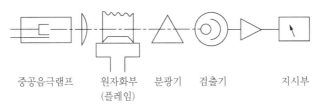

| 중공음극램프 | 원자화부 (플레임) | 분광기 | 검출기 | 지시부 |

그림 3.1 원자흡광 분석장치의 측광 원리

분광 광도계나 원자흡광 분석장치를 이용한 정량분석은 **람베르트−비어 법칙**이 기본이 된다. 분광 광도계에 대해서는 시료에의 입사광 강도를 I_0, 입사광이 시료(원자흡광 분석장치에 대해 기저 상태의 원자)에 의해 흡수되어 검출기에 도달했을 때의 투과광 강도를 I, 빛의 강도와 흡광도 A, 농도 C의 관계는 다음과 같이 나타낼 수 있다.

$$A = \log(I_0/I) = \varepsilon \cdot C \cdot l \tag{1}$$

식(1)의 ε는 분광 광도계에서는 몰 흡광계수, l은 셀 길이를 나타내고 있다. 원자흡광 분석에서는 식(2)와 같이 ε은 극대 흡광계수 K, l은 원사증기의 두께로서 취급된다.

$$A = \log(I_0/I) = K \cdot C \cdot l \tag{2}$$

원자증기는 원자화부에서 생성되어 측정 시의 조건 설정이 같으면 원자증기의 두께 l 및 극대 흡수계수 K는 일련의 측정에서 같다고 판단된다. 따라서 식(2)로부터 흡광도는 목적원소의 농도와 단순하게 비례하여 정량분석을 실시할 수 있다. 통상은 검량선을 작성해 미지 시료의 분석값을 얻는다.

❖ 2. 광원과 분석선

[1] 광원

원자흡광 분석에서는 광원으로 중공음극램프를 이용한다. 음극은 측정 대상으로 하는 원소 그 자체 혹은 이것을 포함한 합금 등으로 만들어지고 있다. 램프 내부에는 네온(Ne)이나 아르곤(Ar)이 봉입가스로서 들어 있다. 그림 3.2에 중공음극램프의 개관을 나타냈다. 음극과 양극 사이에 전압을 인가하면 봉입가스가 이온화되어 이것이 음극에 충돌해 스패터링이 일어난다.

스패터된 음극물질은 봉입가스나 그 이온 및 전자와 충돌해 여기되어 발광한다. 이 발광 스펙트럼은 중수소 램프나 텅스텐 램프가 가리키는 것 같은 연속 스펙트럼은 아니고 음극물질과 봉입가스로 구성되는 휘선 스펙트럼이다. 원자흡광 분석에서는 이 휘선 중 측정 대상원소 유래의 휘선을 분석선으로서 이용한다.

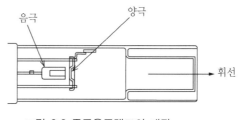

음극 　　　　　양극

휘선

그림 3.2 중공음극램프의 개관

[2] 분석선의 선택

원자흡광 분석에서 이용하는 광원은 위에서 말한 것처럼 중공음극램프로부터 방사되는 대상 원소의 휘선을 이용한다. 분석선은 이 휘선 중 기저 상태의 대상 원자에 의해 공명 흡수되는 **공명선**이 이용된다.

공명선의 수는 원소에 따라 다르지만 복수의 공명선을 가진 원소의 분석은 통상 가장 흡수가 큰 파장이 이용된다. 고농도 시료분석 시 등에는 필요에 따라 흡수가 낮은 파장도 이용된다. 그림 3.3에 분석선의 파장을 바꿔 구리(Cu)의 검량선을 작성한 예를

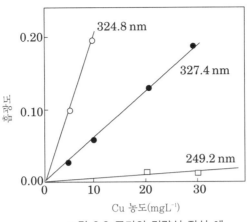

그림 3.3 구리의 검량선 작성 예

나타냈다.

파장 324.8nm를 분석선으로 이용해 측정했을 경우가 가장 감도가 좋음을 알 수 있다. 농도가 높은 시료에 대해서는 파장 327.4nm, 파장 249.2nm를 이용해 시료희석에 따른 수고를 덜 수 있다.

3. 원자화부

기저 상태의 측정 대상원소는 광원으로부터 출사되는 측정 대상원소로 만들어진 음극물질의 휘선을 공명흡수(원자흡수)해 여기 상태가 된다. 따라서 원자흡광 분석에서는 기저 상태의 원자 생성을 효율적으로 실시하는 것이 매우 중요하다.

시료의 원자화 방법으로는 일반적으로 2종류의 방법이 있다. 공기와 아세틸렌 혹은 산화2질소와 아세틸렌에 의한 화학불꽃을 이용한 플레임 방식의 원자화 방법과 전기저항체에 전류를 흘리는 것에 의해 발생하는 줄열을 원자화 수단으로 이용하는 전기가열 방식의 원자화 방법이다. 여기에서는 원자화부에 대해 설명한다.

[1] 플레임 방식의 원자화부

플레임 원자흡광 분석에서 원자화부의 구조 일례를 그림 3.4에 나타냈다. 캐필러리에 의해 빨아올린 시료용액은 네블라이저에 의해 안개 형태가 된다.

이 안개 형태의 시료는 디스펜서에 충돌하면 미세한 안개가 된다. 미세한 시료 안개는 챔버 내에서 연료가스와 조연가스에 혼합된다. 이때 비교적 큰 분무상 입자는 챔버 밖으로 배출된다.

가스와 혼합된 미세한 안개 형태의 시료는 버너 헤드의 길고 가는 슬롯부터 플레임

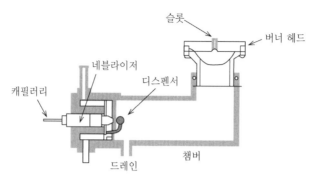

그림 3.4 프레임 원자흡광 분석의 원자화부

에 도입된다. 플레임 내에서는 우선 분무상 입자의 용매가 증발하고 계속하여 목적원소의 원자화가 일어난다. 실제 플레임 내에서는 산화물의 생성이나 염의 석출 혹은 이온화 전위가 낮은 원소가 이온화하는 현상 등도 일어나고 있어 매우 복잡하고 다양한 형태의 반응이 생긴다.

플레임을 생성시키기 위해서는 연료가스와 조연가스가 필요하다. 통상은 연료가스로 아세틸렌을, 조연가스로 공기를 이용한 **공기-아세틸렌 플레임**이 사용된다.

이것은 최고 온도가 2,300℃로 추측되며, 약 35종류의 원소분석에 사용되고 있다. 원소에 따라 최고 감도를 얻을 수 있는 최적 연료가스 유량이 다르므로 시료 분석 시에는 가스의 유량을 조정할 필요가 있다. 또, 연료가스에 아세틸렌을 이용하고 조연가스에 산화2질소를 이용한 **산화2질소-아세틸렌 플레임**은 대체로 2,950℃의 온도를 얻을 수 있다. 온도가 높고 환원성이 강하기 때문에 알루미늄(Al), 붕소(B), 규소(Si), 티타늄(Ti) 등 난해리성 원소의 측정에 적합하다. 덧붙여 산화2질소-아세틸렌 플레임으로 분석을 실시하는 경우 연소속도의 관계로부터 역화를 일으키기 쉽기 때문에 진용 버니 헤드를 이용할 필요가 있다.

[2] 전기가열 방식의 원자화부

전기가열 원자흡광 분석에서의 원자화부 구조 일례를 그림 3.5에 나타낸다. 전기가열 방식의 노로는 직경 5~10mm 정도의 흑연관이 이용되는 경우가 많다. 노의 중심축에는 광원으로부터 빛이 입사하고 있어 발생한 원자증기에 의해 이 빛이 흡수된다(원자흡수).

원자증기는 가열 프로그램(온도 프로그램)에 따라 노를 단계적 혹은 연속적으로 가열함으로써 생성된다. 노의 내부에는 시료증기를 이송하기 위한 캐리어 가스가 흐르고 있다. 또 노의 흑연관 산화를 막기 위해서 바깥쪽에도 가스가 흐르고 있다. 이러한 가스에는 Ar, Ar과 수소(H_2)의 혼합가스, 질소(N_2) 등이 이용되고 있다. 또한 질소가스를 이용했을 경우 Al 등은 질화물을 생성해 원자화가 저해되는 경우가 있기 때문에 목적원소에 따라 캐리어 가스를 선택해야 한다.

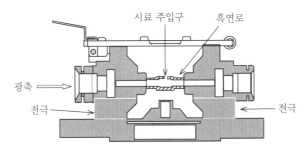

그림 3.5 전기가열 원자흡광 분석의 원자화부

❖ 4. 분광기와 검출기

원자흡광 분석에서는 플레임이나 전기가열로에서 발생하는 발광성분을 제거하기 위해서 원자화부의 후방에 분광기를 설치하고 있다. 분광기는 슬릿, 회절격자, 미러로 구성된다. 구성 배치에 따라 리트로형, 체르니 터너형, 에셀형 등이 있다. 체르니 터너형은 원자화부를 투과한 빛의 입사 슬릿과 검출기에 출사되는 출사 슬릿의 거리가 떨어져 있다.

또, 입사광을 받는 미러와 분광한 빛을 받는 미러가 별도로 되어 있어 거울면 반사에 근거하는 미광성분의 분리가 좋은 것이 특징이다.

검출기는 이것에 입사한 빛의 강도를 그 강도에 따라 전기신호로 변환하는 것으로, 광전자증배관, 광전관, 반도체 검출기가 이용된다.

❖ 5. 백그라운드 보정

시료용액에는 목적원소 이외에 다양한 공존물질이 용해되어 있다. 이러한 공존물질에 의한 광산란이나 분자에 의한 흡수를 **백그라운드 흡수**라고 한다. 광산란은 공존물질의 농도가 높은 경우에 그것들이 완전하게 원자화되지 않고 미세한 입자가 되어 중공음극램프의 빛을 산란함으로써 외관상의 흡수를 나타내는 현상을 말한다. 또, 공존물질이 분자를 생성해 이 분자증기에 의한 흡수를 분자흡수라고 한다. 실제로 광산란과 분자흡수를 구별하는 것은 어려워 양쪽 현상을 합성한 것을 백그라운드 흡수라고 한다.

염화물에 의한 백그라운드 흡수의 일례를 그림 3.6에 나타냈다. 백그라운드 흡수는 원자흡수의 분광선 폭에 비해 훨씬 넓은 스펙트럼 폭을 가지고 있어 원자흡수 스펙트럼과 겹치는 경우가 적지 않다. 이러한 경우는 측정 시에 목적원소의 농도가 실제보다 높게 나타나 정확한 분석값을 얻을 수 없게 된다. 따라서 정량값을 얻으려면 백그라운드 흡수보정을 실시할 필요가 있다.

백그라운드 보정방식에는 **연속 스펙트럼 광원 보정방식, 제만 분열 보정빙식**, 비공명 근접선 보정방식, 자기반전 보정방식이 있다. 여기에서는 연속 스펙트럼 광원 보정방식과 제만 분열 보정방식에 대해 설명한다.

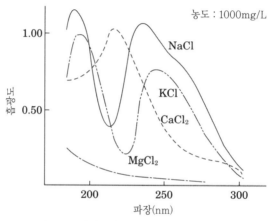

그림 3.6 염화물에 의한 백그라운드 흡수의 일례

[1] 연속 스펙트럼 광원 보정방식

연속 스펙트럼 광원 보성방식은 중수소램쁘나 텅스텐램프 등의 연속 스펙트럼 광원을 이용해 백그라운드 흡수를 보정하는 방식이다. 그림 3.7에 연속 스펙트럼 광원 보정방식의 광학계 일례를 나타냈다. 또 이 방식의 개념을 그림 3.8에 나타냈다.

중공음극램프로부터 출사되는 휘선은 목적원소의 원자흡수와 백그라운드 흡수의 합계량이 흡수된다. 한편 중수소 램프 등의 연속 스펙트럼 광원에서는 원자흡수의 스펙트럼 폭(0.001~0.01nm)이 중수소램프의 스펙트럼 폭(슬릿 폭)에 비해 매우 좁다. 따라서 중수소 램프를 광원으로 해 원자흡수는 무시할 수 있을 만큼 작은 흡수밖에 나타나지 않는다.

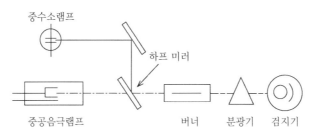

그림 3.7 연속 스펙트럼 광원 보정방식의 광학계 일례

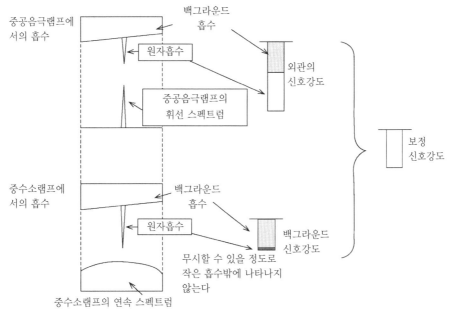

그림 3.8 연속 스펙트럼 광원 보정방식의 개념

백그라운드 흡수의 원인이 되는 분자흡수나 광산란은 슬릿 폭 전체에 퍼지고 있고 중수소램프의 빛은 백그라운드 흡수만이 측정된다고 생각해도 좋다. 보정된 원자흡수는 전자로부터 후자를 빼면 얻을 수 있게 된다.

[2] 제만 분열 보정방식

원자증기에 자장이 인가되면 원자흡수 스펙트럼이 분열함과 동시에 편광특성을 나타낸다. 한편, 백그라운드 흡수는 자장의 영향은 받지 않아 분열이나 편광특성은 나타내지 않는다.

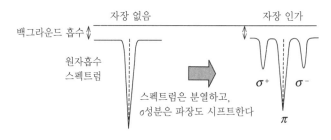

그림 3.9 원자흡수 스펙트럼의 제만 분열의 예

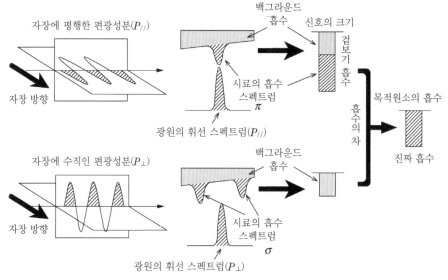

그림 3.10 제만 분열 보정방식의 개념도

이 현상을 이용해 보정을 실시하는 것이 제만 분열 보정방식이다. 그림 3.9에 원자흡수의 제만 분열 예를, 그림 3.10에 제만 분열 보정방식의 개념도를 나타냈다.

원자증기에 자장을 인가하면 원자흡수 스펙트럼은 자장과 평행한 편광특성을 나타내 파장의 시프트가 없는 원자흡수 스펙트럼(π)과, 자장과 수직인 편광특성을 나타내 파장의 시프트가 일어나 원자흡수 스펙트럼($\pm\sigma$)으로 분열한다.

한편 휘선은 편광자를 이용해 자장에 평행한 편광특성을 가지는 성분($p_{//}$)과 자장에 수직인 성분($P_{\perp}$)으로 나누어, 이것을 원자증기에 통과시키지만 파장의 시프트는 생기지 않았다.

자장에 평행한 편광특성을 가지는 광원의 성분($p_{//}$)을 이용했을 때의 흡수는 원자흡수인 (π)와 백그라운드 흡수의 합계가 관측된다. 또, 자장에 수직인 편광특성을 가지는 광원성분(P)은 원자흡수 스펙트럼의 ($\pm\sigma$) 성분이 흡수되겠지만 제만 효과에 의해 원자흡수의 파장이 시프트하고 있기 때문에 광원 성분($P_\perp$)에서는 원자흡수는 관측되지 않고 백그라운드 흡수만이 관측된다. 따라서 전자의 ($P_{/\!/}$)가 흡수된 광량으로부터 ($p_\perp$)가 흡수된 광량을 빼면 원자흡수가 보정된다.

❖ 6. 간섭

시료용액에는 목적원소 이외에 다양한 공존물질이 용해되어 있다. 이러한 공존물질이나 측정 시의 여러 조건이 목적원소의 측정값에 방해를 주는 것을 간섭이라고 한다. 간섭에는 분광학적 간섭, 화학 간섭, 이온화 간섭, 물리 간섭 등이 있다. 여기에서는 플레임 원자흡광 분석 및 전기가열 원자흡광 분석의 간섭에 대해 설명한다.

[1] 분광학적 간섭

분광학적 간섭은 공존하는 물질에 의한 광산란과 분자에 의한 흡수 및 근접선에 의한 것이 있다. 광산란과 분자흡수를 구별하는 것은 어려워 양쪽 모두의 현상이 합성된 것이 관측된다. 염화물에 의한 광산란·분자흡수 스펙트럼을 그림 3.6에 나타냈다.

측정파장이 단파장이 될수록 광산란과 분자에 의한 흡수는 상대적으로 커진다. 또한 원자흡광 분석에서는 이러한 외관상의 흡수를 백그라운드 흡수로 부르고 앞에서 설명한 백그라운드 보정방법에 의해 흡광도를 보정한다.

공존물질 유래의 근접선에 의한 분광학적 간섭은 목적원소의 공명흡수선에 대해서 근접한 공명선을 가진 원소에 의해 일어난다.

환경시료를 분석하는 경우에는 그 매트릭스를 고려하더라도 근접선에 의한 간섭은 적어 특별한 배려를 할 필요는 없다고 생각된다. 그러나 니켈(Ni) 중 미량의 카드뮴(Cd), 구리(Cu), 납(Pb)의 정량을 실시하는 경우나 Pb 중 안티몬(Sb)의 정량을 실시하는 경우에는 백그라운드의 보정방식에 따라서는 보정이 곤란해져 근접선에 의한 간섭이 인정되는 경우가 있다. 이러한 때는 공존물질을 없애는 전처리를 실시하는 등의 추가 연구가 필요하다.

[2] 화학 간섭

화학 간섭은 목적원소가 원자화부에서 공존하는 물질과 화학반응을 일으켜 기저 상태의 원자 생성이 억제되기 때문에 일어난다.

공기-아세틸렌 플레임을 이용한 플레임 원자흡광 분석에서 칼슘(Ca) 측정 시에는 시료 중에 인산이 공존하면 Ca의 흡광도가 음의 간섭을 받는다.

CHAPTER 3

이것은 플레임에서 Ca과 인산이 반응해 내화성 인산칼슘이 생성되어 Ca의 기저 상태의 원자 생성이 억제되기 때문에 일어난다. 공기–아세틸렌 플레임에 비해 고온을 얻을 수 있는 산화2질소–아세틸렌 플레임을 이용하면 간섭은 경감된다.

전기가열 원자흡광 분석에서는 시료에 염산이 목적원소와 공존하면 원소에 따라서는 휘발성이 높은 염화물을 노 안에서 생성해, 원자화 과정에 이르기까지 이것이 휘산해 현저한 음의 간섭을 나타낸다고 알려져 있다. 측정용액의 조제에 가능한 한 염산을 사용하지 않는 것은 이 때문이다.

또, 어쩔 수 없이 염산 산성하에서 측정을 실시하는 경우에는 화학수식제의 첨가가 간섭억제에 효과적이다. 덧붙여 화학수식제의 자세한 내용을 후술하겠지만, 화학수식제의 메커니즘은 대상원소 혹은 공존원소에 대한 화학 간섭을 이용한 것이다.

[3] 이온화 간섭

이온화 간섭은 필요 이상으로 높은 원자화 온도를 목적원소에 부여했을 경우 원자가 이온화함으로써 일어나는 간섭이다. 원자흡수는 기저 상태의 원자에 의해 발생하는 현상으로 원자가 이온 상태에서는 원자흡수는 일어나지 않는다. 이온화 전위가 낮은 알칼리 금속이나 알칼리토류 금속에 현저하게 보이는 간섭으로 플레임 온도의 상승과 함께 커진다.

또, 목적원소의 농도가 높아지면 간섭이 작아지는 경향이 있으며, 이온화 간섭이 생긴 원소의 검량선은 오목형으로 만곡하는 경우가 있다.

목적원소의 이온화 간섭을 억제하려면 목적원소보다 이온화 전위가 낮은 원소를 과잉량 공존시키는 것이 유효하다. Ca 분석에 있어 스트론튬(Sr)이나 란탄(La)을 1000mg/L가 되도록 시료용액에 첨가해 측정하는 것은 이러한 이유에 의한다.

[4] 물리 간섭

시료의 점도나 표면장력 등 물리적 성질에서 유래한 간섭을 물리 간섭이라고 한다. 플레임 원자흡광 분석에서는 네블라이저에 용액의 흡입량이나 분무되는 입자의 크기가 시료의 액성에 따라 변화하기 때문에 흡광도도 변화한다.

염류나 유기물 등의 공존물을 많이 포함한 시료나 산농도가 높은 시료는 대상 원소에 대해서 현저하게 간섭을 준다.

물리 간섭을 억제하려면 전처리를 실시해 공존물질을 제거한다. 혹은 표면장력을 낮추기 위해서 계면활성제를 첨가하는 방법이 있다. 또, 정량분석 시에는 매트릭스 매칭법이나 표준첨가법이 유용하다. 시료의 점성이 물리 간섭의 원인이 되므로 가열 처리한 시료나 저온 보존한 시료는 실온으로 되돌리고 나서 측정을 실시할 필요가 있음을 알 수 있다.

3-3 ◆ 정량방법

정량수단으로는 검량선법, 표준첨가법, 매트릭스 매칭법이 사용된다. 이하에 이러한 방법을 설명했다. 덧붙여 정량분석에서는 함부로 측정을 우선할 것이 아니라 장치의 검출하한이나 방법 정량하한을 알고서 실시하는 편이 효율이 좋다.

상세한 내용은 JIS K 0121 「원자흡광 분석 통칙」이 있으므로 참조하기 바란다.

◆ 1. 검량선법

원자흡광 분석의 일반적인 정량방법은 처음에 농도를 이미 알고 있는 목적원소의 표준용액을 이용해 흡광도를 측정한 농도와 흡광도의 관계식인 **검량선**을 작성한다. 다음으로 실제 시료의 흡광도를 측정해 작성한 검량선으로부터 농도를 읽어냄으로써 목적원소의 정량을 실시한다. 이러한 정량수단을 검량선법이라고 한다.

원자흡광 분석은 검량선을 작성해 정량을 실시하는 상대 분석법이다. 목적원소의 흡광도는 농도에 따라 정해진 흡광도를 항상 얻을 수 있는 것은 아니다. 장치마다, 측정마다 미묘하게 다른 경우가 있기 때문에 모니터링 등을 위한 측정을 제외하고 정량 시에는 검량선의 작성이 필요하다.

측정에 이용하는 표준용액에 대해서도 충분한 배려가 필요하다.

계량법의 교정 사업자 등록제도에 근거해 사업자가 공급하는 표준용액은 트레이서빌리티가 확립되어 있기 때문에 현재는 이것을 이용하는 것이 일반적이지만, 측정자 자신이 표준원액을 작성했을 경우에는 공급되고 있는 용액과 크로스체크를 실시할 것을 권한다.

덧붙여 검량선 작성용 표준액 조제 시에는 반드시 산의 첨가가 필요하다. 시판 표준액에는 산이 첨가되어 있지만 검량선 작성용 표준액을 조제하면 희석을 반복하게 되어 산농도가 저하해 원소에 따라서는 가수분해를 일으킨다. 그 결과 검량선은 완만한 곡선을 이룬다. 농도가 높은 경우보다 농도가 낮은 표준액의 흡광도 저하가 현저하게 나타난다. 그림 3.11에 산을 첨가했을 경우와 첨가하지 않은 경우의 검량선 작성 예를 나타냈다.

또, 원자흡광 분석에서는 원소에 따라서 다르지만 흡광도 0.4 부근부터 검량선이 완만한 곡선을 이루기 시작한다.

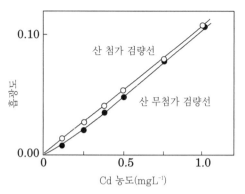

그림 3.11 검량선 작성 예(Cd : 플레임 분석)

이 때문에 신뢰성 높은 데이터를 얻으려면 직선관계가 성립되는 범위에서 측정하든지, 검량선이 굽는 영역에서는 표준액의 점수를 늘려 분석할 필요가 있다. 실제 시료의 분석 시에는 이미 농도를 알고 있는 목적원소를 시료에 첨가해 회수율을 구하고 나서 분석할 필요가 있다.

❖ 2. 표준첨가법

원자흡광 분석에 의한 정량은 측정 처리능력을 생각하면 검량선법으로 측정할 수 있는 것이 바람직하다. 그러나 간섭이 큰 경우에는 **표준첨가법**에 의한 정량이 필요하다. 그림 3.12에 다양한 표준첨가법 적용 시의 검량선 작성 예를 나타내고, 이때의 주의사항을 아래와 같이 나타냈다.

또한 표준첨가법에 의한 검량선의 기울기가 통상의 검량선을 작성했을 때와 비교해 10% 이상 다른 경우는 매우 큰 간섭을 목적원소가 받고 있다고 생각되어 표준첨가법이라고 해도 분석값의 신뢰성이 저하하므로 공존물을 없애는 용매 추출 방법이나 고상 추출 방법 등의 전처리를 검토하는 편이 좋다.

① 검량선이 직선을 나타내는 농도범위에서 측정한다.

표준첨가법은 검량선(1차식의 직선)의 외삽에 의해 농도를 산출하므로 검량선이 완만한 곡선을 이루는 영역에서 측정하면 정확한 값을 얻을 수 없게 된다.

② 첨가하는 표준액의 농도 간격은 미지의 시료와 동일한 정도로 한다.

그림 3.12에 나타내듯이 검량선을 작성했을 때에 흡광도의 간격이 미지의 시료와 동일한 정도가 되도록 표준액을 첨가하는 것이 바람직하다고 여겨진다. 첨가 농도가 너무 높거나 너무 낮아도 정량값의 정확도가 저하한다.

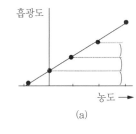

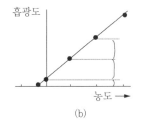

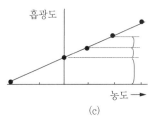

(a) 미지 시료와 첨가표준액의 흡광도 간격
이 같은 정도(바람직한 검량선)
(b) 미지 시료에 대해 첨가표준액 농도가 너
무 높은 경우
(c) 미지 시료에 대해 첨가표준액 농도가 너
무 낮은 경우

그림 3.12 표준첨가법 적용 시의 검량선 작성 예

❖ 3. 매트릭스 매칭법

매트릭스 매칭법은 측정하는 시료의 주성분 용액조성과 동일한 조성을 가진 표준액
을 조제하고 이것을 이용해 검량선을 작성해 분석하는 방법을 말한다. 목적원소에 대
한 매트릭스의 간섭 정도를 시료와 표준액에서 동일하게 해 간섭을 제거하는 방법이
다. 이 방법은 시료의 용액조성이 분명한 경우에 매우 유용한 철강분석(JIS G 1257 등
참조) 등에서 잘 이용되고 있다.

그러나 환경수나 토양 추출액 등은 어느 정도 추측도 가능하지만, 미리 주성분 농도
를 정확하게 아는 것은 어려워 ICP 발광분광 분석 등에서 이것을 조사하는 방법은 있
지만, 환경분야에 적용하기에는 실용적이지 않다.

CHAPTER 3

3-4 ◆ 플레임 원자흡광 분석의 유의사항

❖ 1. 플레임의 종류

플레임 원자흡광 분석에서 이용하는 원자화부는 2절 3항에서 설명했다. 원자흡광 분석에서는 기저 상태의 원자를 효율적으로 생성시키는 것이 필요하다. 따라서 플레임 원자흡광 분석에서는 플레임 종류의 선택과 그 플레임에서의 가스유량 설정이 목적원소의 원자화 조건으로서 매우 중요해진다. 플레임의 종류로는 최고 온도가 2,300℃인 공기-아세틸렌 플레임과 대략 2,950℃의 고온을 얻을 수 있는 산화이질소-아세틸렌 플레임이 있다. 또, Ar-수소 플레임이나 공기-수소 플레임이 있지만, 현재는 그다지 사용하지 않고 있다. 많은 원소의 분석에는 공기-아세틸렌 플레임이 이용되고 플레임 내에서 난해리성 화합물을 생성하기 쉬운 Al이나 B 등은 산화이질소-아세틸렌 플레임이 사용된다.

표 3.1에 플레임의 종류와 적용되는 주요 원소를 나타냈다. 또한 시료의 매트릭스에 따라서는 통상 공기-아세틸렌 플레임을 사용해 분석을 실시하고 있는 원소에도 고온을 얻을 수 있는 산화이질소-아세틸렌 플레임을 이용해 분석을 실시하는 편이 정밀도 높은 분석결과를 얻을 수 있는 경우가 있다.

표 3.1 플레임의 종류와 적용되는 주요 원소

플레임의 종류	적용 원소
공기-아세틸렌 플레임	Li, Na, K, Rb, Cs, Mg, Ca, Sr, Ba, Cr, Mn, Fe, Co, Ni, Cu, Ag, Zn, Cd, Ga, In, Tl, Sn, Pb, Sb, Bi, Te
산화이질소-아세틸렌 플레임	Ti, V, Mo, W, B, Al, Si, Ge
공기-아세틸렌 플레임 (수소화물 발생법)	As, Se

2. 연료가스 유량

플레임 내에서는 화합물의 열적인 해리에 의한 원자의 생성이나 재결합 등이 일어나고 있다. 이러한 상태는 플레임의 종류나 연료가스 및 조연가스의 양에 따라 다르기 때문에 원소가 가지는 성질에 맞추어 이러한 양 비를 조정할 필요가 있다. 조건의 설정은 시료를 분무한 상태에서 원자흡수의 신호를 모니터 화면 등에서 확인하면서 연료가스 유량, 조연가스 유량을 변화시켜 최적의 조건을 검토한다. 또한 플레임 중에서 기저 상태 원자의 생성 위치(버너 높이)는 원자의 열적인 성질에 따라서 다르기 때문에 버너 높이에 대해서도 함께 검토할 필요가 있다.

Cd, 마그네슘(Mg), 철(Fe), Cu 등은 공기-아세틸렌 플레임으로 충분히 기저 상태의 원자를 생성하는 원소이며, 연료가스도 아세틸렌 유량으로서 2.0~2.4L/분(제조사, 기종에 따라서 다르다) 정도의 이른바 소연료 플레임으로 측정 가능하다.

한편, 크롬(Cr), Ca 등은 소연료 플레임에서는 플레임 내에 일단 생성한 이러한 원소의 산화물이 원자화되기 어렵기 때문에 3.0~4.5L/분의 환원적인 다연료 플레임이 이용된다.

시판 장치는 미리 원소에 따라 이용하는 플레임의 종류나 가스 유량이 설정된 것이 있어 편리하다. 그러나 많은 사람이 장치를 이용하는 경우나 장기간 가스 유량을 조정하지 않은 장치는 이러한 설정이 어긋나는 경우도 있어 분석 시에는 확인해야 한다.

3. 고감도화

플레임 원자흡광 분석은 측정시간이 짧고 재현성도 좋다. 그러나 하천수 시료 등 환경수 내의 금속원소 분석을 실시하기에는 감도가 부족하다. 감도를 향상시켜 분석을 실시하려면 용매 추출법이나 고상 추출법에 의한 전처리가 필요하다. 용매 추출법으로서는 디티존에 의한 방법 등이 있지만, 최근에는 **고상 추출법**이 이용된다. 고상 추출법은 모재 수지에 킬레이트제가 수식되고 있어 이것과 물속의 대상 원소 사이에 착체를 형성시켜 고상에 대상 원소를 포착함으로써 시료 매트릭스와의 분리나 목적원소의 농축이 가능하다.

유기용매 사용량이 적고 용매 추출법 정도의 기술상 유의점도 적다. 그림 3.13에 하천수 표준물질, 해수 표준물질을 고상 추출법에 의해 20배로 농축해 아연(Zn)을 분석한 예를 나타냈다[2]. 고상 추출법에 대해서는 7절 2항에서 설명한다.

CHAPTER 3

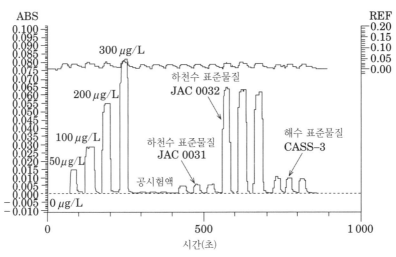

그림 3.13 고상 추출법을 이용한 Zn의 분석 예

✦ 4. 기타 유의사항

플레임 원자흡광 분석 시 기타 유의사항으로는 플레임의 불안정화에 의한 분석값의 신뢰성 저하를 들 수 있다. 플레임의 불안정화는 버너 선단부에 탄소(C)나 탄화물, 기타 염류 등의 고형물 생성에 의한 것이 원인이다. 측정자가 직접 측정하고 있는 경우에는 플레임의 색이나 형상으로부터 플레임의 이상 유무를 확인할 수 있다. 그러나 오토 샘플러를 이용해 여러 검체를 처리하는 경우 등은 깨닫지 못하고 측정해 버리는 경우가 있다.

장치를 사용한 후에는 충분히 순수를 분무해 챔버나 버너 헤드 부분을 세정해 둘 필요가 있다. 동시에 버너 헤드 부분을 육안으로 확인해야 한다.

3-5 ◆ 전기가열 원자흡광 분석의 유의점

◆ 1. 일반적인 측정조건의 설정 방법

전기가열 원자흡광 분석에 이용하는 원자화부는 2절 3항에서 설명했다. 전기가열 원자흡광 분석의 특징적인 점은 전기가열로의 온도를 단계적으로 변화(온도 프로그램, 가열 프로그램 등으로 불린다)시켜 효율적으로 시료 내의 목적원소를 원자화하는 것이다. 그림 3.14에 전기가열로의 온도 변화 모식도를 나타냈다.

측정은 실온 혹은 80℃ 정도로 노를 가열한 상태에서 ① 전기가열로에 10~20μL 정도의 시료를 주입하는 것으로부터 시작된다.

다음의 ② 건조 단계에서 전기가열로의 온도를 약 80℃부터 약 140℃까지 40초 정도로 변화시킨다. 이 건조 단계에서 시료에 포함되는 수분, 결정수를 이탈시킨다.

다음의 ③ 회화 단계에서 전기가열로의 온도를 약 300~1,200℃로 해 20초 정도 가열한다. 이 회화 단계에서 노 내 생성물의 화학종을 단일로 한다.

④ 원자화 단계에서 전기가열로의 온도를 약 1,000~2,800℃로 해 5초 정도 가열한다. 이 단계에서 목적원소를 원자화해 원자흡수 신호를 얻는다.

⑤ 클리닝 단계에서 전기가열로의 온도를 약 2,800℃로 해 5초 정도 가열한다. 모든 시료를 이 단계에서 노 밖으로 배출함으로써 다음 시료의 분석 시 교차오염을 막는다.

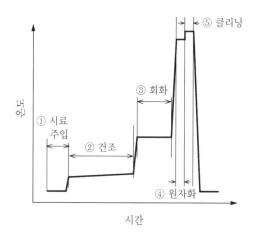

그림 3.14 전기가열로의 온도 변화

측정값의 정확도를 향상시키기 위해서는 각 단계의 조건을 적절히 설정할 필요가 있다. 이하에 온도 프로그램 각 단계에서의 유의점을 전기가열로의 선택과 시료 주입 시의 유의점과 함께 설명했다.

또, 화학수식제에 대해서도 그 기능과 유의점을 설명했다. 다만, 이하에서 설명하는 사항은 사용하는 장치 제조사나 기종에 따라 다른 경우도 있으므로 예로서 참고해 주었으면 한다.

❖ 2. 전기가열로의 선택

전기가열로는 장치 제조사에 따라 형상이나 특성이 다르지만, 일반적으로는 직경 5~10mm 정도의 흑연관이 이용된다. 이것들은 일반적으로 **흑연로** 혹은 그래파이트 큐벳, 또는 그냥 큐벳 등으로도 불린다.

흑연로 구조의 일례를 그림 3.15에 나타냈다. 직접 관 내벽에 시료를 적하하는 튜브형 흑연로나 관 내외벽을 초고밀도 그래파이트로 피막한 파이로화 튜브형 흑연로가 있다. 또, 관에 삽입된 판 모양의 시료받이에 시료를 적하하는 플랫폼형 흑연로도 있다. 이러한 흑연로는 측정하는 원소의 성질이나 필요로 하는 감도, 매트릭스에 따라 구분해 사용할 수 있다.

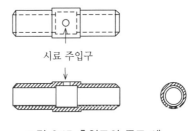

시료 주입구

그림 3.15 흑연로의 구조 예

[1] 튜브형

튜브형 흑연로는 그림 3.15에 예시한 바와 같은 구조로 되어 있고, 시료는 상부의 구멍으로부터 주입한다. 통상 주입하는 시료량은 10~20μL 정도이다. 시료 주입량을 너무 많이 하면 노 내에 시료가 퍼져 측정 시 재현성이 저하한다. 많은 원소에 사용 가능하지만, 흑연과 반응해 탄화물을 생성하기 쉬운 Ti, 바나듐(V), Cr 등은 다음에 설명하는 파이로화된 흑연로를 사용하는 편이 감도, 정밀도가 양호하다. 측정에 이용하려면 오염 유무를 베이킹(baking)하여 확인한다. 비교적 농도가 높은 물시료나 토양 용출액 등의 분석에 사용된다.

[2] 파이로화 튜브형

파이로화 튜브형 흑연로는 많은 원소의 감도 향상이 기대되지만 특히 끓는점이 높은 난해리성 카바이드를 생성하는 원소분석에 효과적이다. 구조는 튜브형 흑연로와 같지만, 표면이 초고밀도 그래파이트로 피막되어 있어 통상의 흑연로와 비교해 탄화물의 생성이 억제될 뿐 아니라 주입한 시료의 노에 거의 스며들지 않는 것이 특징이다.

측정에 이용하려면 오염의 유무를 베이킹하여 확인하면 좋다. 물시료나 토양 용출액 등의 분석에 가장 잘 이용되는 흑연로이다.

[3] 플랫폼형

플랫폼형 흑연로는 관에 판 모양의 시료받이가 삽입되어 있는데, 시료는 이 시료받이에 적하한다.

튜브형 흑연로의 경우는 시료가 노벽에 직접 접하고 있지만, 플랫폼형 흑연로의 경우는 시료가 직접 노벽에는 접하지 않는다. 목적원소의 원자화는 튜브형 흑연로의 경우 튜브가 직접 가열되어 행해진다. 이에 대해 플랫폼형 흑연로는 튜브의 복사열에 의해 시료가 가열되어 튜브 안이 충분히 가열되어 열평형에 이르고 나서 원자화된다. 원자화되는 공간이 충분히 고온이기 때문에 공존원소와 재결합하는 경우가 적어 간섭이 억제된다. 통상은 혈청이나 뇨 등과 같은 높은 매트릭스 시료의 분석에 사용되는 경우가 많다.

3. 시료 주입

시료는 흑연로의 작은 주입구에서 주입하기 때문에 흑연로 주위에 주입기 노즐의 선단이 접촉하지 않게 주의할 필요가 있다. 최근의 장치는 오토샘플러가 탑재되어 있지만, 오토샘플러 사용 시에도 매뉴얼 조작으로 주입하는 경우에는 같은 주의가 필요하다. 오토샘플러를 이용해 다수의 시료를 측정하는 경우에는 처음에 적절한 위치에 노즐을 맞추어도 측정을 반복하는 동안 차츰 어긋나는 경우가 있으므로 가끔 점검하는 편이 좋다.

또, 공존물이 많은 시료를 측정하면 흑연로 내에 잔사가 퇴적해 시료용액이 튀기 쉬워져 적절히 주입되지 않게 되는 경우가 있다. 이 경우에는 갑자기 낮은 흡광도를 나타내 흡광도의 편차도 증가한다. 이러한 현상을 발견될 경우에는 오토샘플러의 노즐 위치를 재조정하든지 흑연로를 교환한다.

또, 기종과 제조사에 따라서 다르지만 오토샘플러의 노즐 선단이 비스듬히 커팅되어 있는 타입의 경우 그림 3.16에 나타내듯이 예각보다 둔각으로 커팅하는 편이 측정 재현성이 좋은 결과를 얻을 수 있는 경우가 있다.

이것은 예각인 경우에는 적하한 시료가 노즐 선단으로부터 시료가 잘 적하하지 않고 들어올려 주입구에 부착하는 경우가 있기 때문이다. 이러한 상태에서는 양호한 재현성으로 분석값을 얻을 수 없다. 점성이 높은 시료를 분석하는 경우에는 특히 현저하게 나타내므로 주의가 필요하다.

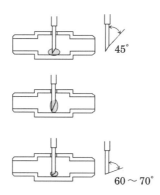

그림 3.16 노즐 선단의 형태와 시료 주입 상태

❖ 4. 온도 프로그램 설정의 유의점

전기가열 원자흡광 분석에서는 온도 프로그램을 이용해 전기가열로를 단계적 혹은 연속적으로 가열해 시료를 원자화한다. 따라서 이 온도 프로그램의 설정은 보다 효율석으로 목석원소의 원사화를 실시하기 위해 혹은 새현성을 확보하기 위해서 매우 중요하다. 여기에서는 온도 프로그램의 단계별 유의사항을 설명한다.

[1] 건조 단계

전기가열로에 주입된 시료는 처음에 **건조 단계**에서 용매를 증발시킨다. 건조 단계는 온도 프로그램 실행 중에 일어나는 시료의 돌비나 원자화로의 카본에 스며든 시료의 급격한 증발, 시료의 용매, 결정수의 급격한 증발에 수반하는 시료의 비산을 막기 위해서 실시하는 것이다. 재현성이 좋은 데이터를 얻기 위해 가장 중요한 단계이다. 최근의 컴퓨터에 의해 제어되는 장치는 표준적인 온도 프로그램이 초기 설정되고 있는 것이 많다.

그러나 이것은 표준액과 같이 단순한 조성의 시료에서는 문제없지만, 유기물이나 염

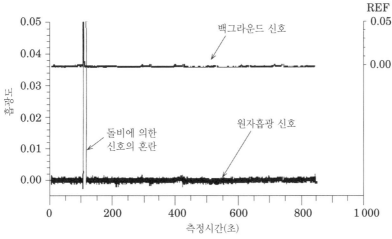

그림 3.17 건조 단계의 신호 확인에 의한 돌비 확인 예

류가 포함된 시료, 화학수식제를 고농도로 첨가한 시료, 또 유기용매 등에서는 용액의 점성이나 끓는점이 달라 표준적인 온도 프로그램에서는 돌비를 일으키는 경우가 있다. 이 현상은 흑연로 내에서 일어나므로 충분히 조심하지 않으면 간과할 가능성이 높다. 그러나 주의 깊게 관찰하면 데이터가 불규칙해지거나 흑연로로부터 갑작스러운 시료 증기의 분출 혹은 작은 파열음이 들리거나, 시료가 주입구로부터 넘쳐 나와 흑연로 외벽에 흔적이 남는 경우가 보인다.

이러한 현상은 건조 단계의 양부를 판단하는 좋은 지표가 된다. 또, 건조 단계의 신호를 모니터할 수 있는 장치에서는 그림 3.17에 일례를 나타낸 것처럼 이 단계에서의 가파른 흡광신호의 변화로부터 돌비 유무를 판단할 수 있다.

시료의 돌비가 일어나지 않게 온도 프로그램을 변경할 필요가 있다. 이것은 어느 정도 시행착오로 온도를 변경하게 되지만, 일반적으로 초기 설정값을 참고해 건조시간을 길게 설정하든가, 혹은 한층 더 낮은 온도부터 건조를 시작해 볼 수 있다. 천천히 건조시키는 편이 재현성의 질을 향상시킬 수 있다.

온도 프로그램의 설정은 원자화로 내의 시료 건조 상태를 직접 관찰해 보면 비교적 간단하게 할 수 있다. 통상은 시료 주입구에서 들여다보게 되므로 비산한 시료가 눈에 들어가지 않게 거울을 이용해 간접적으로 들여다볼 필요가 있다. 전기가열로 내의 일정한 위치에서 용매가 천천히 건조하도록 설정하는 것이 좋다.

[2] 회화 단계
회화 단계는 목적원소와 공존하고 있는 비점이 낮은 무기물 혹은 유기물을 노 내에

서 휘산시켜 원자화 시의 공존물에 의한 간섭을 제거한다. 또, 원자화 단계 전에 노 내에 존재하고 있는 목적원소의 화학종을 일치시키는 역할을 한다.

건조 단계가 종료한 시점에서는 측정시료의 매트릭스에 따라 목적원소나 공존원소가 질산염, 할로겐화염, 나트륨염, 금속 단독, 금속 산화물 등의 다양한 형태가 되어 노 내에 존재한다. 공존하는 물질이 많은 경우에는 원자화 단계에서 이것들이 백그라운드 흡수를 나타내게 된다. 또, 목적원소가 조성이 다른 염, 산화물, 탄화물 등을 생성하고 있는 경우, 이들이 원자화 시에 혼재하면 흡수 피크의 형상이 복수로 나뉘는 등 재현성 저하를 초래한다. 게다가 표준액과의 피크 형상 차이로 인해 올바른 분석값을 얻을 수 없는 경우가 있다. 그림 3.18에 흡수 피크가 복수 존재하는 예를 나타냈다.

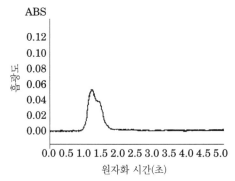

그림 3.18 토양 추출액 내의 알루미늄 원자흡광 신호(피크 형상이 복수 존재하는 예)

이 영향을 최소화하기 위해서는 회화 단계에서 공존원소를 휘산시켜 목적원소의 화학종을 가능한 한 일치시키는 것이 중요하다. 때문에 측정하는 원소가 원자화하지 않을 정도로 회화온도를 높게 설정해 목적원소보다 먼저 공존하는 불질을 휘산시키거나 후술하는 화학수시제를 첨가하는 것을 고려해야 한다. 이러한 검토를 실시해도 피크 형상이 개선되지 않는 경우에는 피크 판독방법을 피크 면적법으로 변경하는 경우도 있다.

[3] 원자화 단계

원자화 단계는 목적원소의 원자증기를 재현성 좋게 생성시키는 역할을 담당하고 있다. 회화 단계가 종료한 시점에 노 내에 어느 일정한 화학적 조성(산화물, 탄화물 등)을 가진 시료가 생성하는 것이 이상적이다. 거기로부터 목적원소의 원자증기를 생성시킨다. 목적원소에 대응해 원자화 온도를 설정하는 것은 물론이지만, 원자화로 내에 생성되어 있는 생성물의 성질을 고려해 원자화 온도를 설정할 필요가 있다.

때문에 장치에 따라서는 목적원소의 산화물이나 염화물 등의 융점, 비점의 데이터를 검색할 수 있으니, 이것을 참고로 원자화 온도를 설정하면 된다.

[4] 클리닝 단계

원자화 단계가 종료한 후 흑연로의 양단부 등에는 시료의 열분해물 잔사나 한 번 증발한 것이 재응축해 부착할 가능성이 있다. 이러한 상태로 측정을 계속하면 백그라운드 흡수의 상승이나 오염의 원인이 된다. 여기서 원자화 단계에서 설정한 온도보다 한층 더 고온으로 함으로써 흑연로를 클리닝한다. 통상, **클리닝 단계**의 온도는 원자화 시에 설정한 온도보다 200℃ 정도 높게 설정하지만, 원자화 온도가 장치의 최고 온도로 설정되어 있는 경우에는 같은 온도를 설정해 상황에 따라 3~5초 정도 이 온도를 유지시킨다.

❖ 5 화학수식제

전기가열 원자흡광 분석법에서는 **화학수식제**(매트릭스 모디파이어)로 불리는 시약을 시료에 첨가해 측정하는 경우가 있다. 최근에는 JIS K 0121 「원자흡광 분석 통칙」이나 JIS K 0102 「공장폐수 시험방법」 등의 규격에도 기재되어 있으므로 널리 사용되게 되었다. 화학수식제를 사용했을 경우의 주요 효과는 목적원소와의 화합물 생성이나 공존물 제거에 의한 감도 향상과 간섭 억제이다. 그림 3.19에 화학수식제에 의한 간섭 억제 효과의 메커니즘(개념도)을 나타냈다.

(a) 공존물의 선택적 제거

(b) 목적원소의 머무름

그림 3.19 화학수식제에 의한 간섭 억제 효과의 메커니즘

[1] 화학수식제의 메커니즘

화학수식제 첨가 효과의 메커니즘은 많은 연구자에 의해 검토되고 있지만 일반적으로는 그림 3.19와 같이 이해되고 있다. 같은 그림 (a)는 화학수식제가 주로 공존물에 대해서 작용하는 것을 나타내고 있다. 노 내에서 공존물과 용이하게 결합하는 화합물

을 생성시키고, 회화단 계에서 이것을 휘산시켜 목적성분에 대한 간섭을 억제하고 있다. 이런 종류의 화학수식제의 예로는 할로겐을 많이 포함한 시료 중 Pb, Cu, Cd, 망간(Mn) 등의 분석에 화학수식제로서 황산암모늄이나 질산암모늄 혹은 인산암모늄을 첨가하는 것을 들 수 있다.

같은 그림 (b)는 화학수식제와 목적원소 사이에 화합물을 생성해 목적원소를 높은 회화온도까지 노 내에 미물게 해 회화 단계에서 공존물을 휘산시킨 후, 원자화 단계에서 목적원소를 단번에 원자화시키는 기능을 나타내고 있으며, 팔라듐(Pd)이 대표적인 사용 예이다. 같은 그림 (a), (b)는 모두 작용하는 대상물은 다르지만, 목적원소의 원자화를 저해해 간섭을 하는 공존물을 노 내에서 없애 흡광도를 향상시키는 작용을 나타낸다.

[2] 화학수식제 사용 예

화학수식제로서 Pd가 널리 이용되고 있지만, 이른바 만능약은 아니다. 목적원소는 물론이거니와 시료의 매트릭스에 따라 사용하는 시약의 종류나 농도를 바꾸는 편이 좋은 경우가 있다.

그림 3.20은 Pd를 100mg/L 첨가해 비소(As)의 표준액으로 회화온도를 검토한 것이다. 표준액은 100mg/L 정도로 충분한 효과를 얻을 수 있지만, 공존물질의 농도가 높아지면 간섭이 커져 1,000mg/L 정도의 농도를 첨가하는 것이 필요한 경우가 있다. 또, Pd뿐만 아니라 초산마그네슘과의 2원계 혼합용액 쪽이 효과가 높은 경우도 있으므로 검토해 보면 좋다.

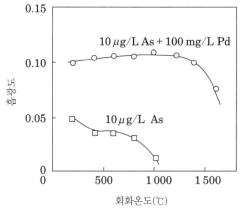

그림 3.20 As의 회화온도에 대한 Pd의 효과

원소나 시료 매트릭스에 따라서는 다른 시약이 효과적인 화학수식제가 될 수 있다. 하천수의 Pb 분석에서 초산코발트와 인산2수소암모늄의 2원계 화학수식제를 이용한 예[3]와 Sb의 측정에 은(Ag)을 화학수식제로 이용한 예[4]가 있다.

또, 화학수식제의 효과와는 다른 면도 있지만, 흑연로에 고농도 La[5]이나 몰리브덴(Mo)[6]을 이용해서 코팅해 목적원소의 고감도화를 꾀한 예나, 흑연로에 텅스텐(W)을 코팅해 노를 개질하고 화학수식제를 첨가해 고감도화와 간섭 억제를 꾀한 예[7]도 있다.

[3] 화학수식제를 이용했을 경우의 온도 프로그램 설정 시 유의점

화학수식제를 사용했을 경우 회화온도를 높게 설정하는 것은 물론이지만, 원자화 온도의 설정에 관해 다음과 같은 점에 주의가 필요하다. Pd는 목적원소와 반응해 비점이 높은 화합물을 만든다고 생각되어 목적원소가 높은 회화온도에서도 증발하지 않게 된다. 원자화 단계에 대해서도 같은 효과에 의해 목적금속이 증발하기 어려워지므로 Pd를 첨가하지 않는 경우에 비해 원자화 온도도 높게 설정할 필요가 있다. 장치의 원자화의 초기 설정온도는 제조사에 따라 개념이 달라 화학수식제를 첨가하는 것을 전제로한 수치가 설정되어 있는 것과 첨가하지 않고 표준액만 있는 경우의 수치가 설정되어 있는 경우가 있다. 이것을 미리 확인해 온도 프로그램을 설정할 필요가 있다.

❖ 6. 측정환경

전기가열 원자흡광 분석법은 감도가 플레임 원자흡광 분석법과 비교해 대체로 3자릿수 정도 높다. 따라서 **측정환경**에 대해서도 충분한 배려가 필요하다. Fe, Zn, Si, 나트륨(Na), 칼륨(K), Ca, Mg 등의 오염에 주의하기 바란다. 이 외에 주의를 필요로 하는 금속으로 Al을 들 수 있다. 분석실의 창이나 공기조절의 분출구에 알루미늄 섀시가 이용된 경우, Al의 재현성이 저하하는 경우가 있다. 환경으로부터 미세한 Al이 노 내에 들어가 시료를 오염시키기 때문이다. 필자는 원자화부를 가리는 뚜껑을 제작해 측정했는데, 재현성이 큰 폭으로 향상됐다.

측정실은 실험실과 구별할 것을 추천한다. 또, 이중 실내화를 신는 등 외부에서 유입되는 흙이나 먼지를 최소화 함으로써 Fe이나 Zn 등의 재현성이 향상된 예도 있다.

3-6 ◆수소화물 발생-원자흡광 분석

물시료 내의 As, 셀렌(Se), Sb 등을 환원해 기체상의 수소 화합물로 하고, 이것을 가열 흡수 셀이나 직접 플레임에 도입해 분석하는 방법을 **수소화물 발생-원자흡광 분석**이라고 한다.

그림 3.21에 수소화물 발생장치를 나타냈다. 기본적으로는 시료 내의 As나 Se을 각각 As(Ⅲ)와 Se(Ⅳ)으로 예비환원 처리한 것을 장치에 도입해 염산, 수소화붕소나트륨 등의 환원제와 혼합, 기체상의 수소 화합물을 생성시켜 이것을 원자화해 원자흡수를 실시하게 하는 것이다. 또한 이 방법의 가장 중요한 점은 수소화물을 생성시키기 위한 산처리와 예비환원 조작에 있다.

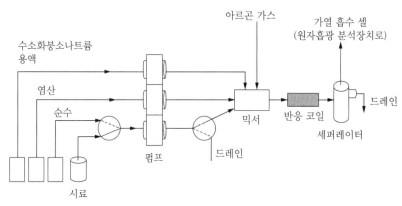

그림 3.21 수소화물 발생장치의 개략

◆ 1. As 분석 시 유의점

수소화물 발생법을 이용한 As의 분석은 물속의 As를 As(Ⅲ)로 한 후 기체의 **수소화물**(알루신, AsH₃)을 발생시킴으로써 실시한다. 물속에는 As(V) 등도 존재하기 때문에 이것을 환원할 필요가 있다. 환원에는 통상 요오드화칼륨이 이용된다. JIS K 0102 「공장폐수 시험방법」이나 후생노동성 고시 제 261호(2003년 7월 22일)에 의하면 시료의 전처리로서 최초로 황산과 질산을 이용해 유기물 등을 황산의 흰 연기가 생길 때까지 분해한다.

이때 시료 안에 질산이 남아 있으면 수소화물의 생성이 저해되기 때문에 충분히 황산의 흰 연기를 일으켜 건조되어 굳어지기 직전까지 계속할 필요가 있다. 또, Fe이나 Ni 등의 공존물도 수소화물의 발생을 저해하는 것으로 알려져 있다. 정량 전에는 회수율을 측정하고, 회수율이 좋지 않을 때에는 표준첨가법에 따르는 측정이나 매트릭스의 제거 등을 검토한다.

덧붙여 물속의 비소 화합물은 무기태로서의 As(Ⅲ)나 As(Ⅴ) 외에 농도는 낮지만, 메틸화물 등의 유기태도 존재하는 것으로 알려져 있다. 총비소의 분석에 이 방법을 이용하는 경우에는 반드시 산에 의한 처리를 실시해 As의 화학 형태를 통일하여 적용할 필요가 있다.

❖ 2. Se 분석 시 유의점

Se의 수소화물은 Se(Ⅳ)로부터 생성되기 때문에 수소화물 발생장치에 시료를 도입하기 전에 시료 내 Se의 화학종을 Se(Ⅳ)로 해 둘 필요가 있다. JIS K 0102 「공장폐수 시험방법」이나 후생노동성 고시 제261호(2003년 7월 22일)에 의하면 이 조작은 염산에 의한 자비(펄펄 끓음)로 행해지고 있다.

참고문헌[8]에서는 물시료 안에 Se(Ⅳ)과 공존하는 Se(Ⅵ)의 환원 방법에 대해 염산히드록실아민, 옥살산나트륨, 주석산나트륨, L-아스코르빈산, 요오드화칼륨, 브롬화칼륨을 이용해 상세한 검토를 실시하고 있다.

그 결과 염산히드록실아민, 옥살산나트륨, 주석산나트륨은 환원효과가 인정되지 않았다. 또, L-아스코르빈산에서는 금속 셀렌까지 환원이 진행되어 환원제로서 부적당한 것으로 나타났다. As에 이용되는 요오드화칼륨에서는 30% 정도의 환원율이 나타났지만, 일부 금속 셀렌까지 환원된 것으로 상태 검토 결과 밝혀졌다. 따라서 As와 동일한 환원조작을 실시한 시료를 이용해 Se를 분석할 수 없다.

참고문헌[8]에서는 검토 결과 0.5mol/L 염산용액하에서 1.5%가 되도록 브롬화칼륨을 첨가해 60분간 끓이는 처리를 실시하는 것이 좋다고 되어 있다.

Se에 관해서도 물시료 중에는 As와 마찬가지로 무기태로서의 Se(Ⅳ), Se(Ⅵ)과 유기태 셀렌의 존재가 알려져 있어 유기태 셀렌을 무기화할 필요가 있다. 참고문헌[9]에서는 질산–과염소산 처리에 의해 유기태 셀렌을 분해 처리해 무기화했다.

3-7 ◆물시료에 적용

❖ 1. 시료 채취와 보존

시료의 채취는 청정한 물통 등으로 실시한다. 깊이별로 금속원소의 분포를 조사하는 경우에는 니스킨형 혹은 반돈형 채수기를 이용한다. 채수 시에는 당일이나 며칠 전의 기상, 채수 시의 기온, 수온, pH, 냄새, 색, 용존산소량 등을 기록한다. 분석결과의 타당성과 전처리 방법을 검토할 때 이러한 상황이 참고가 된다.

시료의 보존은 용존 성분분석이 목적이냐 혹은 전량분석이 목적이냐에 따라 그리고 대상 원소에 따라 그 방법이 바뀐다. 전량분석에서는 통상 질산 10mL를 시료 1L에 첨가한다.

용존 성분분석은 1μm이나 0.45μm의 멤브레인 필터 등으로 신속하게 여과한 후, 질산 10mL를 시료 1L에 첨가한다. 또한 첨가하는 산의 순도도 문제가 되므로 가능한 한 고순도 시약을 이용한다.

보존용기에는 유리, 폴리에틸렌, 폴리프로필렌, 불소수지 등이 있으며, 목적에 따라 구분해 사용한다. 금속을 분석할 때는 통상 폴리에틸렌, 폴리프로필렌, 불소수지를 이용한다. 모두 염산이나 질산 등의 산을 용기에 넣어 내부에 부착한 금속원소를 용출해 이온교환수 등으로 세정해 이용한다. 필자의 연구실에서는 폴리에틸렌 혹은 폴리프로필렌 용기에 진한 질산을 용기 용량의 1/5 정도 넣어 청정한 장소에서 일주일 정도 두어 용기에 부착한 금속을 용출한다.

이때 용기에 산을 채우지 않는 것은 용기에 넣은 산의 증기에 의해 상부의 기벽이 세정되기 때문이다. 용기를 사용할 때는 직진에 이온교환수로 세정해 물을 제거하고 청정한 폴리에틸렌 봉투 등으로 보존한다. 또 경우에 따라서는 이온교환수를 용기에 채운 채로 보존해 채수 장소까지 옮기는 경우도 있다. 연구실 환경에서 용기를 바람에 말려서는 안 된다.

❖ 2. 전처리

시료의 전처리는 시료의 성질과 상태를 확인하는 것부터 시작한다. pH, 냄새, 색, 용존 산소량은 좋은 지표가 된다. 산성 하천 등에서 pH가 낮으면 유역으로부터 공급되는 금속원소의 농도가 비교적 높을 것으로 예상된다.

또, 부패냄새는 시료 안의 유기물 양이 많아 산에 의한 분해가 필요할 가능성이 높다. 용존산소량이 낮으면 퇴적물로부터 Mn이나 As가 용출하고 있는 것으로 생각된다. 전처리는 시료의 성질과 상태로부터 공존물질의 종류나 양을 추측해 필요로 하는 검출한계 등을 감안해 선택하는 것으로 어느 정도의 경험과 지식이 필요하다.

전처리 방법으로는 순수를 사용한 단순 희석법부터 산을 이용해 공존하는 유기물의 분해나 대상원소의 농축을 실시하는 것을 목적으로 한 산분해·가열 농축법, 목적원소의 선택성을 향상시켜 분리 농축을 실시하는 용매 추출법이나 고상 추출법 등이 있다. 또한 시료 내의 대상원소의 화학종을 통일하기 위해서 산처리를 실시하는 경우도 있다.

[1] 산분해 · 가열 농축법

유기물이나 현탁물질 등이 적은 시료의 경우 염산이나 질산을 이용한 가열처리를 한다. 통상 시료 100mL에 대해서 염산 또는 질산을 5mL 정도 더해 핫플레이트 등을 이용해 10분 정도 가열한다. 또한 이 방법은 농축을 목적으로 한 것은 아니다.

현탁물질이 많은 경우 혹은 대상 성분의 농축을 겸했을 경우는 액량이 10mL에서 15mL가 될 때까지 시료의 농축·분해를 실시한다. 이때 시료의 건고를 실시하지 않는다. 특히 염산을 이용한 처리의 경우는 금속원소가 비점이 낮은 휘산하기 쉬운 염화물을 생성하는 것으로 생각되어 올바른 분석결과를 얻을 수 없게 된다.

공존하는 유기물량이나 현탁물질량이 많은 경우는 질산과 황산에 의한 분해가 이용된다. 통상은 시료 100mL에 대해 질산 5~10mL를 더해 액량이 약 10mL가 될 때까지 가열한 후 질산 5mL 및 황산 5mL를 더해 황산의 흰 연기가 발생할 때까지 가열한다.

유기물의 양이 많아 분해가 불충분한 경우에는 이것을 반복한다. 또한 Pb 등의 분석시에는 난용성 황산납을 생성하기 때문에 이 분해법은 부적당하다.

이러한 분해 조작에 이용하는 산은 가능한 한 고순도품을 이용할 필요가 있고, 아울러 공시험 용액의 준비는 필수이다.

[2] 용매 추출법

용매 추출법은 장치의 고감도화가 진행되는 점, 유기용매를 다량으로 사용하는 것을 피할 수 있게 된 점도 있어, 농축을 목적으로 하는 이용은 감소했다. 그러나 공존물의 간섭을 없애는 것을 목적으로 했을 경우에는 현재에도 널리 이용되고 있다.

CHAPTER 3

피롤리딘디티오카르바민산암모늄(APDC)-메틸이소부틸케톤(MIBK)법, 디에틸디티오카르바민산나트륨(DDTC) 초산 부틸법, 디티존-사염화탄소법 등이 일반적으로 이용되고 있다. 대상 원소가 추출된 용매는 플레임이나 전기가열로에 도입해 원자흡광 분석장치에서 직접 분석하는 것도 가능하다. 또, 유기용매로부터 액상으로 역추출한 용액이나 유기용매를 휘산시켜 산에 재용해한 것을 분석하는 것도 행해진다. 또한 사염화탄소 등 염소를 포함한 유기용매는 포스겐 가스가 발생할 위험을 수반하므로 이것을 직접 플레임에 도입하는 것은 피한다.

사용하는 용매에 관해서는 상기와 같은 이유나 물에의 용해도 등을 고려해 다른 용매로 변경하는 경우도 있다. 당연히 착형성한 대상 원소 착체의 추출용매 용해도에 대해서도 고려해야 한다. DDTC-디이소부틸케톤(DIBK)법에 의해 하천수 내의 Cu, Pb, Cd을 추출하는 조작의 일례를 그림 3.22에 나타낸다[10].

이 방법에서는 pH4~9의 범위에서 Cu, Pb, Cd이 DIBK상으로 정량적으로 추출되지만, 산성 측에서 추출된 것은 안정성이 나빠 여기에서는 추출 pH를 8~9로 했다. 또, 정량적으로 추출되는 액상과 DIBK의 용량비는 160배까지 된다. 용적비가 더 커지면 DIBK가 액상으로 용해함으로써 외관상 흡광도가 상승하는 문제를 일으켜 정량 정밀도가 저하한다.

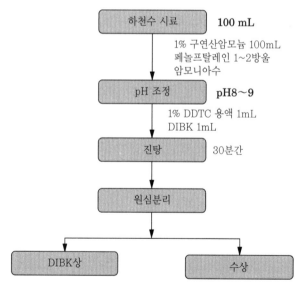

그림 3.22 DDTC-디이소부틸케톤(DIBK)법에 의한 Cu, Pb, Cd의 추출조작

[3] 고상 추출법

킬레이트 수지를 이용한 고상 추출법은 원소의 선택성이 높으며, 컨디셔닝 외에 유기 용매를 이용하지 않고, 그 형상에 따라서는 처리가 준밀봉계에서 실시할 수 있으며, 외부로부터의 오염이 적고 조작이 비교적 용이하다는 특징을 가진다. 현재는 이미노2초산형과 폴리아미노폴리카르본산형 등의 킬레이트 수지 고상 추출제가 시판되고 있다.

이들 중에는 전이금속을 선택적으로 포착해 물시료 안의 주성분 원소인 알칼리, 알칼리토류 원소를 거의 포착하지 않는 것도 있다[11].

킬레이트 수지 고상 추출제에 의한 추출조작의 일례를 그림 3.23에 나타냈다. 아세톤, 질산, 순수를 이용해 고상 추출제를 팽윤시키고 세정한다. 다음으로 0.1mol/L의 초산암모늄을 이용해 컨디셔닝을 실시한다. 따로 pH를 조정한 시료를 준비해 이것을 고상 추출제에 통액한다. 순수로 고상 추출제를 세정 후 3mol/L의 질산을 이용해 포착된 금속원소를 용출하고, 정용 후 측정에 제공한다.

이 방법은 원자흡광 분석의 전처리 외에 ICP 발광분광 분석장치나 ICP 질량 분석장치의 전처리 방법으로도 유용하다.

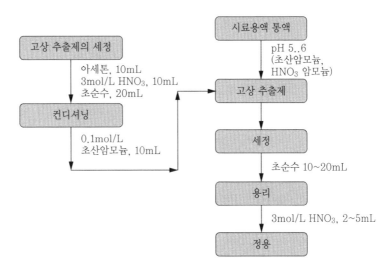

그림 3.23 킬레이트 수지 고상 추출제에 의한 추출조작의 일례

❖ 3. 물시료 내의 금속 분석

원자흡광 분석장치 혹은 ICP 발광분광 분석장치, ICP 질량 분석장치를 이용해 물시료 내 금속의 정량분석을 실시하는 경우 분석장치의 초기 파라미터를 그대로 측정조건으로서 사용하는 것은 피해야 한다. 측정자는 분석장치의 원리, 시료의 매트릭스와 그 영향, 나아가 전처리와 데이터 해석을 포함한 분석방법 전체를 충분히 이해하고 스스로가 측정조건을 설정할 필요가 있다. 시료에 관한 정보가 전혀 없거나 혹은 매우 부족한 경우에는 한층 더 주의가 필요하다.

원자흡광 분석의 경우 정량분석을 시작하기 전에, 우선은 플레임 원자흡광 분석으로 목적원소의 신호를 얻을 수 있는지 확인하는 것이 좋다.

플레임 원자흡광 분석장치가 없을 때에는 경우에 따라 시료를 희석해 전기가열 원자흡광 분석장치로 목적원소의 신호를 확인한다. 희석배율을 바꾸고 장치의 파라미터를 바꾸어 검토하는 경우가 있다. 정밀도가 높은 분석을 실시하기 위해 필요한 작업이다. 간섭이 원인이 되어 신호를 얻을 수 없는 경우에는 전처리법을 검토해 공존염을 제거한다.

감도가 부족한 경우에는 목적원소를 농축한다. 신호를 얻었을 경우에는 이어서 회수율을 구한다. 이것에 의해 검량선법으로 분석이 가능한지 여부를 판단한다. 검량선법으로 분석이 어려운 경우에는 표준첨가법을 시도하든가 혹은 전처리법을 검토한다. 필자의 연구실에서는 사정에 따라 다르지만 기준으로서 90~110%의 회수율이면 검량선법에 의해 분석을 실시하고, 90% 미만의 회수율이면 표준첨가법이나 전처리법을 검토한다. 이하에 필자의 경험상, 측정 시에 특히 유의해야 하는 원소에 대해 설명한다.

[1] Pb, Cd 분석

물시료 내의 Pb나 Cd의 농도는 특별한 경우를 제외하고 하천수에서 각각 대략 $0.05\mu g/L$, $0.01\mu g/L$ 정도이다[12]. 원자흡광 분석장치의 검출하한은 플레임 원자흡광 분석에서는 Pb가 $25\mu g/L$, Cd가 $1\mu g/L$ 정도이며, 전기가열 원자흡광 분석에서는 Pb가 $0.1\mu g/L$, Cd가 $0.01\mu g/L$ 정도이다. 따라서 정량하한을 이것의 10배로 생각하면 직접 측정을 실시하는 것은 곤란해 앞서 설명한 바와 같은 전처리를 실시할 필요가 있다. 그러나 수도 수질기준 레벨의 농도이면 전기가열 원자흡광 분석을 이용하면 직접 측정이 가능하다. 측정을 실시할 때에는 두 원소 모두 비점이 낮고, 또 시료 내에 공존하는 할로겐과 할로겐화물을 생성해 휘산하기 쉬우므로 화학수식제로서 10~1,000mg/L 정도의 Pd이나 Pd과 Mg의 2원계 화학수식제를 사용한다. 화학수식제를 첨가함으로써 회화온도나 원자화 온도를 높게 설정하는 것이 가능해져 고감도 측정을 할 수 있다. 또한 온도 설정은 제조사나 기기에 따라 약간 다른 경우가 있으므로 반드시 사전에 측정조건을 확인해야 한다.

[2] As, Se 분석

As 및 Se의 분석은 후생노동성 고시 제261호(2003년 7월 22일)에서는 전기가열 원자흡광 분석과 수소화물 발생–원자흡광 분석이, JIS K 0102(2008)에서는 수소화물 발생–원자흡광 분석이 채용되고 있다. 분석방법이 지정되어 있는 경우가 있으므로 주의가 필요하다.

As 및 Se은 휘발성이 높고 가열에 의해 용이하게 휘산하기 때문에 전기가열 원자흡광 분석에서는 400℃ 정도의 회화온도밖에 취할 수가 없다. 또, 시료 내에 염화물 이온이 공존하면 이러한 원소의 염화물이 생성해 용이하게 노 밖으로 휘산한다. 따라서 측정에 있어서 화학수식제의 첨가가 필수다. 화학수식제로는 Pd이나 Pd과 Mg의 2원계 수식제가 이용된다. 이때에는 회화온도를 대략 1,000℃로 설정할 수 있게 되고, 원자화 온도는 2,800℃로 설정한다. 수소화물 발생–원자흡광 분석에 관한 유의사항에 대해서는 6절 1항 및 2항에서 설명했으므로 여기에서는 생략한다.

[3] Mn 분석

Mn의 검출한계는 플레임 원자흡광 분석에서 3μg/L 정도, 전기가열 원자흡광 분석에서 0.02μg/L 정도로 비교적 감도가 높은 원소이다. 수도 수질기준 정도의 농도이면 원자흡광 분석으로 용이하게 정량할 수 있다. 전기가열 원자흡광 분석에서는 염화물 이온의 농도가 높으면 간섭을 받기 쉽기 때문에 이 경우에는 질산암모늄을 화학수식제로 이용하면 효과가 있다.

[4] Zn 분석

Zn의 검출한계는 플레임 원자흡광 분석에서 2μg/L, 전기가열 원자흡광 분석에서 0.01μg/L 정도로 매우 감도가 좋은 원소이다. Zn은 이른바 상재원소로 불려서 통상의 실험실 환경에서도 시료의 오염을 일으키기 쉽다. 전처리 시에 순도가 낮은 산을 이용했을 경우나, 실험실에 방치한 시료용기를 이용하면 오염되기 쉽다. 전기가열 원자흡광 분석에 의한 측정에서는 우선 순수를 측정해 전기가열로의 오염의 유무를 확인하면 된다. 오염이 있는 경우에는 교환하든가 베이킹을 연속 실시하여 오염을 없앤다. 또 원자화 시에 캐리어 가스를 넉넉하게 흘려 감도를 떨어뜨려 측정하는 것도 효과적이다.

3-8 ◆ 토양시료에 적용

❖ 1. 시료 조제방법

시료의 검액 조제방법은 목적에 따라 다르기 때문에 목적을 명확하게 파악하고, 그에 맞게 선택할 필요가 있다. 이하에 토양오염 대책법과 관련된 조제방법, 불산을 이용한 분해 조제방법, 알칼리 융해법에 대해 설명한다.

[1] 토양오염 대책법과 관련된 조제방법

토양오염과 관련된 시료의 채취는 토양오염 대책법 시행규칙(2002년 12월 26일, 환경성령 제29호)에 따라 실시한다. 검액의 조제방법에 대해서는 이하에 설명하듯이 따로 정해져 있다.

유해 금속원소 **용출시험** 시의 검액 작성방법에 대해서는 환경청 고시 제46호(1991년 8월 23일)의 부표에 기재된 방법을 이용하며, 대략적인 설명은 다음과 같다.

시료와 용매(순수에 염산을 더해 pH를 5.8~6.3으로 한 것)를 중량 체적비 10%의 비율로 혼합해(혼합 액량이 500mL 이상) 상온 상압에서 매분 약 200회 6시간 진탕(진탕 폭 4~5cm)한다. 진탕 후 시료액을 10~30분간 두고 매분 약 3000회전으로 20분간 원심분리한다.

상중액을 직경 0.45μm의 멤브레인 필터로 여과 후 여액을 뽑는다. **토양 함유량**과 관련된 검액의 작성방법은 환경성 고시 제19호(2003년 3월 6일)에 의한다. 시료 6g 이상을 채취해 시료와 용매(순수에 염산을 더하고 염산 농도를 1mol/L로 한 것)를 중량 체적비 3%의 비율로 혼합한다.

상온 상압에서 매분 약 200회 2시간 진탕(진탕 폭 4~5cm)한다. 시료액을 10~30분간 두고 필요에 따라서 원심분리를 실시한다. 상중액을 직경 0.45μm의 멤브레인 필터로 여과한 후 여액을 뽑는다.

[2] 불산을 이용한 분해 조제 방법

하천, 바다의 퇴적물이나 토양 속에는 규산염이 많이 포함되어 있다. 규산에 존재하는 금속원소도 아울러 분석하려면 염산이나 질산에 의한 분해로는 불충분하기 때문에 플루오린화수소산을 이용한 분해를 한다.

필자는 비파호의 퇴적물을 질산만으로 처리했을 경우와 **플루오린화수소산-질산 용액**으로 분해했을 경우에 Cr의 분석값이 약 2배 다른 것을 경험했다. 통상은 건조시킨

시료를 테플론 비커에 0.3g 정도 취하고, 불산을 5mL, 질산을 3mL 더해 테플론 시계접시를 씌워 드래프트에서 하룻밤 둔다. 그 후 핫플레이트 위에서 가열해 분해한다. 플루오린화수소산−질산 용액이 가열에 의해 감소하면 몇 차례 이들 산을 더해 분해를 계속한다. 이때 시료는 일단 냉각하고 나서 산을 더해야만 위험하지 않다. 시럽 상태가 될 때까지 산을 증발시킨 후에 냉각한다.

또한 시료를 건고시키면 Se이나 As 같은 원소가 휘산하므로 주의가 필요하다. 실온으로 되돌린 후, 1mol/L의 염산을 더해 완만하게 가온한 내용물을 용해한다. 내용물이 남았을 경우에는 No.5C의 여과지로 여과해 여액을 1mol/L 염산으로 정용한다. 이 방법은 산을 다량으로 사용하므로 반드시 공시험을 실시한다. 또 분해조작은 드래프트에서 실시한다.

[3] 알칼리 융해법

알칼리 융해법은 산분해로 남은 잔사나 총크롬을 분석하는 경우, 또 실리카나 산화물 등을 많이 포함한 시료에 적용한다.

잘 건조한 시료 0.3~0.5g을 백금 도가니에 채취해 전기로(500~550℃)로 2시간 정도 가열해, 시료에 포함된 유기물을 회화한다. 실온까지 식힌 후, 융해제(탄산나트륨과 탄산칼륨의 등몰 혼합물) 5g을 섞어 버너의 작은 불꽃으로 가열한다. 서서히 불꽃을 키워 내용물을 융해한다. 이때, 급격하게 온도를 올리면 격렬하게 거품이 일어 시료가 비산하므로 주의해야 한다. 시료의 거품이 안정된 상태가 되고 나서 30분 정도 강하게 열을 가한다. 냉각 후 순수를 넣은 비커에 도가니를 넣어 핫플레이트 위에서 가열한다.

염산을 서서히 더하면서 한층 더 가열을 계속해 도가니의 내용물을 완전히 용해한다. 내용물 용해 후, 핫플레이트에서 비커를 내리고 도가니를 테플론 핀셋 등을 이용해 꺼낸다. 비커를 다시 핫플레이트에 올려 완만하게 가온해 건조해 굳힌다. 방냉 후 염산 10mL와 순수 30mL 정도를 더해 핫플레이트 위에서 완만하게 가온해 시료를 용해한 후 식힌다. No.5B의 여과지를 사용해 여과를 실시한다. 여과지 위의 잔사는 1mol/L의 염산으로 세정해 여액에 합한다.

이 방법은 사용하는 시약의 순도에 주의를 기울이는 외에 공시험 용액을 반드시 준비할 필요가 있다. 또, 용액 안에는 Na이나 K이 다량 포함되기 때문에 원자흡광 분석장치에 의한 분석에서는 백그라운드 흡수가 매우 커진다. 또, 분해 시에는 보호도구를 착용한다.

[4] 기타 분해방법

기타 분해방법으로서 마이크로파를 이용한 습식 분해법을 들 수 있다. 가압형인 경우에는 분해에 이용하는 시약 양이 비교적 적고, 분해 시 외부 오염이 적다는 특징을 가진다. 상세한 내용은 참고문헌[13]을 참조하기 바란다.

❖ 2. 토양시료 내의 금속 분석

「토양 함유량과 관련된 검액 작성 방법」에서는 염산 1mol/L 용액을 이용해 금속을 추출한다. 고농도 염산이 포함되어 있는 용액을 측정하기 위해 검량선용 표준용액의 액성도 이것에 맞출 필요가 있다.

정량분석을 실시할 때 물시료의 분석 시에도 설명했듯이, 우선 플레임 원자흡광 분석으로 목적원소의 신호를 얻을 수 있는지를 확인하는 것이 좋다.

플레임 원자흡광 분석장치가 없는 경우에는 시료를 적당히 희석해 전기가열 원자흡광 분석장치로 목적원소의 신호를 확인한다. 다음으로 목적원소의 회수율을 구해 기준으로서 회수율이 90~110%이면 검량선법을 이용해 분석하고, 90% 미만의 회수율이면 표준첨가법이나 전처리법을 검토한다. 전처리가 필요한 경우에는 7절 2항을 참조해 적절한 방법을 이용한다.

또한 전기가열 원자흡광 분석장치를 이용해 분석을 실시하는 경우 검액 내에는 염화물 이온이 다량으로 포함되어 있으므로 원자화로 내에서 금속 염화물이 생성된다고 생각된다. 금속의 염화물은 비점이 낮고, 원자화의 과정에 이르기까지 노로부터 휘산할 가능성이 있다. 따라서 원소에 따라서는 화학수식제를 첨가할 필요가 있다.

[1] Pb 분석

Pb의 토양 중 농도는 5~500mg/kg 정도로 되어 있다. 큰 간섭이 존재하지 않으면 원자흡광 분석장치의 검출하한으로부터 검액 내에 0.3mg/L 이상 존재하면 플레임 원자흡광 분석장치로 측정이 가능하다. 「토양 함유량과 관련된 검액 작성 방법」에서 시료의 조제를 실시했을 경우에는 대체로 토양 내 농도가 10mg/kg 정도의 Pb을 포함한 시료의 측정이 가능해진다. 검액 내의 농도가 0.3~0.001mg/L인 경우에는 전기가열 원자흡광 분석장치를 이용해 측정한다. 이 경우 화학수식제로서 Pd을 10~1,000mg/L 정도가 되도록 시료에 첨가한다. 측정하는 시료에 따라 pd의 최적 첨가량이 다를 가능성이 있어 온도 프로그램의 회화온도나 원자화 온도 등의 파라미터와 함께 Pd의 첨가량을 변화시켜 Pb 흡광도의 거동을 검토하는 등 별도 조건을 결정할 필요가 있다(5절 5항 참조).

[2] Cd 분석

토양 내 Cd의 농도는 0.1mg/kg 정도이며 2차 오염이 인정되지 않는 토양에 있어 Cd의 플레임 원자흡광 분석장치를 이용한 정량분석은 통상 곤란하다. 검출하한으로부터 계산하면 플레임 원자흡광 분석장치로 정량하려면 검액 내에 대체로 0.01mg/L 정도 이상의 농도가 필요하다. 이것보다 농도가 낮은 경우에는 전기가열 원자흡광 분석장치를 이용하든가, 혹은 전처리를 실시해 농축한다. 전기가열 원자흡광 분석장치를 이용해 분석하는 경우에는 화학수식제로서 Pd을 10~1,000mg/L 정도가 되도록 시료에 첨가한다. Pd의 최적 첨가량에 대해서도 Pb에 나타낸 것처럼 별도 검토할 필요가 있다.

[3] Cr 분석

토양 내 Cr의 농도는 5~1,000mg/kg으로 비교적 고농도로 존재한다. 플레임 원자흡광 분석장치에서는 검액 내에 0.5mg/L 이상 존재하면 정량이 가능하다. 「토양 함유량과 관련된 검액 작성 방법」에서 시료 조제를 실시했을 경우에는 대략 토양 내 농도가 20mg/kg 정도인 Cr을 포함한 시료의 측정이 가능하다. 이것보다 농도가 낮은 경우에는 전기가열 원자흡광 분석장치를 이용해 분석한다. Cr의 전기가열-원자흡광 분석장치에서의 검출하한은 0.04μg/L 정도로 고감도이며 순수에 의한 단순한 희석을 실시하는 것만으로 간섭 억제가 가능한 경우가 많다.

[4] As 분석

토양 내 As의 평균 농도는 6~8mg/kg 정도이다. 「토양 함유량과 관련된 검액 작성 방법」에서 시료 조제를 실시했을 경우 수소화물 발생-원자흡광 분석을 이용하여 정량한다. 수소화물 발생-원자흡광 분석에서는 검액 내에 2μg/L 정도의 As가 존재하면 분석을 실시할 수 있다.

시료 내에는 공존물이 많기 때문에 수소화물 발생이 억제되는 경우도 있어 측정 전에 회수율을 구하는 것을 게을리해서는 안 된다. 가능한 한 희석을 실시해 공존염의 농도를 저하시켜 분석하는 편이 좋다. 또한, 수소화물 발생-원자흡광 분석에서는 수소화물을 발생시키기 위해서 미리 As(V)는 As(Ⅲ)로 환원할 필요가 있지만, 예비환원 조작을 순서에 준거해 정확하게 실시할 필요가 있다. 분석값의 재현성 불량 등의 원인의 상당수는 이 환원조작이 충분하지 않은 것에 기인한다. 전기가열-원자흡광 분석장치에서의 검출하한은 수소화물 발생-원자흡광 분석과 거의 같다. 전기가열-원자흡광 분석장치를 이용해 분석하는 경우에는 화학수식제로서 Pd을 10~1,000mg/L 정도가 되도록 시료에 첨가해 측정한다. As의 농도가 높은 경우에는 순수로 희석해 공존염 농도를 저하시켜 분석한다. 또, Pd의 최적 첨가량에 대해서는 Pb에 나타낸 것처럼 별도 검토할 필요가 있다.

[5] Se 분석

토양 내 Se의 분석은「토양 함유량과 관련된 검액 작성 방법」에서 시료 조제를 실시했을 경우 수소화물 발생-원자흡광 분석을 이용해 정량한다. 수소화물 발생-원자흡광 분석에서는 검액 내에 2㎍/L 정도의 Se이 존재하면 분석을 실시할 수 있다. 물시료의 분석에서 나타낸 것처럼 예비환원을 확실히 할 필요가 있다.

전기가열-원자흡광 분석장치에서의 검출하한은 0.2㎍/L 정도이며 수소화물 발생-원자흡광 분석과 같이 검액 내에 2㎍/L 정도의 Se이 존재하면 분석을 실시할 수 있다. 전기가열 원자흡광 분석장치를 이용해 분석하는 경우에는 화학수식제로서 Pd을 10~1,000mg/L 정도가 되도록 시료에 첨가해 측정한다.

참고문헌

1) A. Walsh, U. S. Pat. 2847899 (1958) ; Australia Nov. 17 (1953)

2) 山本和子：日立ハイテクノロジーズ TECHNICAL DATA AA No. 106

3) 白崎俊浩, 仲村弘子, 平木敬三：分析化学, 43, p. 1149, 1994

4) 山本和子, 米谷明, 白崎俊浩, 保田和雄：分析化学, 46, pp. 639 - 643, 1997

5) 斉文啓, 林淑欽, 陳樹楡, 酒井馨：分析化学, 38, p. 228, 1989

6) 白崎俊浩, 米谷明, 内野興一, 酒井馨：分析化学, 40, p. 163, 1991

7) 今井昭二： THE HITACHI SCIENTIFIC INSTRUMENT NEWS, 46, 4152, 2004

8) 玉利祐三, 小椋広道：分析化学, 46, p. 313, 1997

9) Hiroshi Hattori, Yuzuru Nakaguchi, Yoshihiro Saito, Keizo Hiraki ： Bull. Soc. Sea Water Sci. Jpn., 55, p. 333, 2001

10) 白崎俊浩：日立ハイテクノロジーズ TECHNICAL DATA AA No. 69

11) 坂元秀之, 山本和子, 白崎俊浩, 井上嘉則：分析化学, 55, p. 133, 2006

12) 津村昭人, 山崎慎一：Radioisotopes, 47, 46, 1998

13) 日本分析化学会編：「現場で役立つ化学分析の基礎」, pp. 136 - 151, オーム社, 2006

14) (社) 日本分析化学会「土壌分析技術セミナー」実行委員会：分析化学, 53, p. 1177, 2004

4장

ICP 발광분광 분석법

4-1 ◆ 머리말

ICP란 Inductively Coupled Plasma의 약어로, 유도결합 플라즈마 등으로 번역된다. ICP를 광원으로 하는 발광분광 분석법이 ICP 발광분광 분석법이다. 벌써 ICP 발광분광 분석상치가 시판된 지 30년 남짓 된다.

당초 종래의 발광분광 분석법의 분광기를 유용한 다원소 동시분석형(파셴-룽게 마운팅)뿐이었지만 컴퓨터의 발전과 더불어 다양한 형태의 장치가 시판되게 되었다.

현재 체르니 터너 마운팅을 이용한 시퀀셜형, 전술한 다원소 동시분석형, 에셀 마운팅과 반도체 검출기를 조합한 타입이 주류라고 할 수 있다.

4-2 ◆ ICP 발광분광 분석법의 원리

❖ 1. 발광분광 분석의 원리

ICP 발광분광 분석법에 대해 살펴보기 전에 발광분광 분석법에 대해 설명한다. 시료에 외부로부터 어떠한 에너지를 부여하면 시료에 포함되는 원소는 원소 특유의 빛을 방출한다.

빛을 발생시키려면 시료를 기화해 원자 상태로 하는 것(기화와 원자화)과 고속의 입자를 만들어 비탄성 충돌을 실시하게 하는 것(여기)이 필요하다. 이러한 과정은 통상 거의 동시에 행해지고 있다. 여기에서는 여기·발광의 메커니즘에 대해 설명한다.

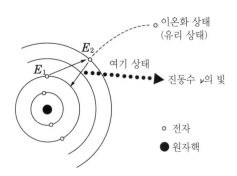

그림 4.1 원자핵의 상태

원자는 원자핵과 그것을 둘러싸고 각각 고유의 궤도에서 운동하고 있는 전자(궤도전자)로 구성되어 있다.

원자에 어떠한 방법으로 밖에서 에너지를 부여하면 궤도전자가 그 에너지를 흡수해 정상 상태에서 높은 에너지 준위(E_2)의 궤도로 이동한다. 그러나 이 전자는 높은 에너지 준위의 궤도에 머물지 못하고 $10^{-7} \sim 10^{-8}$초 정도의 짧은 시간에 보다 낮은 에너지 준위(E_1)의 궤도로 이동한다. 이때 전자는 이 에너지의 차이 ΔE를 빛(스펙트럼선)으로 방사한다.

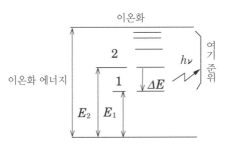

E_2 : 높은 에너지 준위
E_1 : 낮은 에너지 준위
ν : 스펙트럼선의 진동수

그림 4.2 원자 스펙트럼의 생성

스펙트럼선의 진동수를 υ로 하면 ΔE는 다음 식으로 나타낼 수 있다.

$\Delta E = E_2 - E_1 = h\nu$
h : 플랑크 상수

또, 진동수 ν와 파장 λ 사이에는 다음의 관계가 있다.

$\lambda = \nu / c$
c : 광속(3×10^{10} cm/s)

❖ 2. ICP 발광분광 분석법의 특장과 구성

ICP를 광원으로 하는 발광분광 분석장치에 대해 설명하기 전에 발광분광 분석의 광원으로서 ICP가 우수한 점을 열거한다.

① 용액시료를 도입할 수 있기 때문에 고체시료에 비해 검량선 시료 작성이 용이하고, 또 분석 정밀도도 향상된다.

② 많은 원소에 대해서 검출한계가 낮고 매우 고감도이다.

③ 플라즈마가 고온인 점, 도넛 형태의 구멍에 시료가 들어가 체류시간이 비교적 길기 때문에 종래의 플레임과 같은 화학적 간섭은 거의 없다.

④ 자기흡수가 적고, 검량선의 직선범위가 5~6자릿수에 달해 이른바 다이내믹 레인 지가 매우 넓다.

⑤ 동일 조건으로 많은 원소를 여기할 수 있어 주성분 원소, 중성분 원소, 미량성분 원소까지 많은 원소를 동시에 정량할 수 있다.

그림 4.3에 ICP 발광분광 분석장치의 구성을 간략하게 나타낸다. 크게 나누면 광원 부, 분광부, 측광부의 3개로 나눌 수 있다.

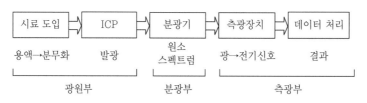

그림 4.3 ICP 발광분광 분석장치의 구성

❖ 3. 광원부

시료를 발광시켜 광원으로 만드는 부분이다. 일반적으로 발광시키기 위한 수단으로 는 플레임 또는 방전이 이용된다. ICP 발광분광 분석장치에서는 유도결합 플라즈마 (ICP)가 이용된다.

[1] 플라즈마의 생성

방전관(플라즈마 토치) 주위에 휘감은 고주파 코일에 27.12MHz, 1.2kW 정도의 고 주파 전류를 흘린다. 테슬라 코일로 방전해 플라즈마 토치 내의 아르곤(Ar)을 전리하면 그림 4.4와 같은 플라즈마가 생성된다.

고주파 코일에 고주파 전류가 흐르면 고주파 코일 주위에 자력선이 형성되어 플라즈 마 토치 내에 고주파 자계가 생긴다. 전자유도에 의해 이 고주파 자계의 시간 변화에

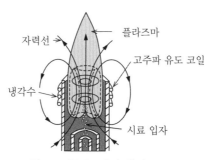

그림 4.4 플라즈마의 생성

비례한 전계가 발생한다. 이때, 테슬라 코일로 방전
하면 이 방전에 의해 생성된 전자나 이온은 이 전계
에 의해 가속되어 에너지를 얻고, 고속으로 전계 안
을 이동한다. 이 고속 전자는 Ar 가스분자와 충돌을
반복해 그 일부를 전리한다. 여기서 단위시간당 전
자의 발생량이 소실량보다 많아지면 전자밀도가 급
격하게 증가해 플라즈마 토치의 개방단에서 순간적
으로 플라즈마가 발생한다. 플라즈마가 발생하면 전
자는 이온을 끌어당길 수 있어 재결합 반응이 진행

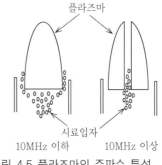

그림 4.5 플라즈마의 주파수 특성

된다. 또, Ar 가스는 일정 속도로 고주파 자계의 영역을 통과하고, 전자나 이온은 소실
되어 간다. 이것에 의해 Ar 가스 분자의 전리에 의한 전자나 이온의 생성과 소멸이 균
형 잡힌 상태(평형 상태)로 플라즈마가 유지된다.

또, 이 플라즈마가 도넛 형태가 되는 현상은 고주파 전류의 표면효과라고 한다. 이
표면효과는 도체 단면 내의 고주파 전류밀도가 일정하게 분포하지 않고 도체 내부보다
표면층에 집중되는 현상이다. 이 결과 전류에 의한 플라즈마의 가열이 주변부에서 생
겨 중심부는 주변부로부터의 열전도나 복사로 가열된다. 이러한 플라즈마의 중심에 캐
리어 가스가 도입되면 중심부의 온도가 한층 더 내려가 도넛 형태의 플라즈마가 형성
된다.

[2] 방전관(플라즈마 토치)의 형상과 역할

플라즈마 토치는 그림 4.6과 같이 석영관의 3중 구조로 되어 있어 바깥쪽으로부터
각각 플라즈마 가스(냉각가스), 보조 가스 및 캐리어 가스를 흘린다. 플라즈마 가스는
통상 Ar 가스를 10~20L/분, 보조가스는 0~5L/분의 Ar 가스를 흘린다. 이 가스의 주
된 역할은 플라즈마를 조금 띄워 중간의 석영관을 보호하는 것으로, 시료에 따라서는

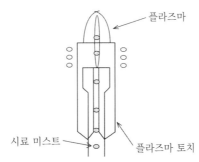

그림 4.6 방전관(플라즈마 토치)의 형상

흐르지 않는 경우도 있다. 캐리어 가스는 안개화한 시료용액의 안개를 플라즈마 안 심부에 도입하기 위한 것으로 1L/분 전후 흘린다. 이 가스의 유량은 시료 도입 양에 직접 관계할 뿐만 아니라 너무 많으면 플라즈마를 과도하게 냉각해 플라즈마 내에서 시료의 체류시간을 줄여 감도를 저하시키므로 엄격한 조정이 필요하다.

[3] 시료 도입계

일반적으로는 ICP 발광분광 분석의 대상시료는 용액이다. 용액시료의 도입은 예전부터 플레임 분석이나 원자흡광 분석에서 연구되어 안정한 네블라이저로 만들 수가 있다. 그러나 캐리어 가스의 유량이 약 1L/분으로 되어 있기 때문에 적은 가스 유량으로 효율적으로 안개화할 수 있는 네블라이저가 필요하다. 그림 4.7은 대표적인 시료 도입계이다.

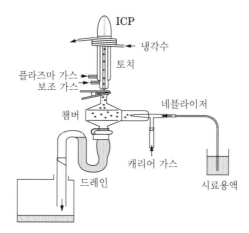

그림 4.7 ICP 발광분광 분석법에서 이용되는 대표적인 시료 도입계

❖ 4. 분광부

발광분광 분석에 사용하는 분광기는 다수의 원자 스펙트럼선을 분리해야 하기 때문에 가능한 한 분해능이 뛰어난 것이 필요하다. 이 때문에 흡광 광도법이나 원자흡광 분석법에서 사용되는 분광기에 비해 일반적으로 크고 성능이 좋아 비싼 편이다.

회절격자는 그 형상에 따라 평면 회절격자와 오목면 회절격자 2종류로 나눌 수 있다. 평면 회절격자를 이용한 대표적인 분광기의 마운팅을 그림 4.8에 나타낸다. 평면 회절격자는 평행한 빛을 입사시켜 회절하는 것이 표준적인 사용법이다. 시퀀셜형 모노크로미터에서는 일반적으로 체르니 터너형이 이용되고 있다. 회절격자의 각도와 슬릿의 이동에 의해 파장의 주사를 실시한다. 그림 4.9에 에셸 회절격자를 이용한 분광기를 나타낸다. 이 분광기에서는 평면 위에 스펙트럼을 얻을 수 있기 때문에 면 형태의 반도체 검출기와 병용해 다원소 동시분석이 가능하다.

오목면 회절격자를 이용한 마운팅으로서는 파셴-룽게형이 있다. 이 마운팅은 구조가 간단해 측정파장 영역이 넓고, 광학계가 고정되어 있다. 이 때문에 안정성이 뛰어나 폴리크로미터에 이용되고 있다.

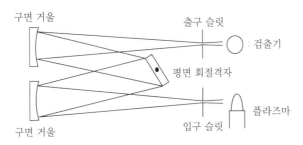

그림 4.8 평면 회절격자를 이용한 분광기 예(체르니 터너)

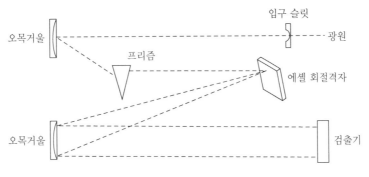

그림 4.9 에셀 회절격자를 이용한 분광기 예

❖ 5. 관측 방향

그림 4.10에 플라즈마 관측 방향의 원리도를 나타낸다. 축방향 관측은 가로방향 관측에 비해 플라즈마의 고온 부분을 지나는 일 없이 스펙트럼을 포착할 수 있으므로 Ar의 발광에 의한 백그라운드가 내려가 고감도로 측정할 수 있다. 그러나 플라즈마 선단 부분은 온도가 낮기 때문에 이온 재결합이 일어나 스펙트럼이 흡수된다. 그래서 플라즈마의 위 방향으로부터 Ar 가스를 내뿜어 플라즈마의 선단 부분을 배제한다. 플라즈마의 가로방향 관측과 비교해 2~5배의 고감도 측정을 실시할 수 있다.

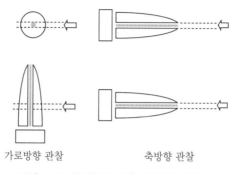

가로방향 관찰 　　　　　축방향 관찰

그림 4.10 플라즈마 관측 방향의 원리도

✤ 6. 측광부

얻어진 스펙트럼의 강도를 전기적인 신호로 변환하는 부분이다. 일반적으로는 광전자증배관에 의해 빛을 전류로서 출력하고 적분 콘덴서로 일정 시간 적분하는 방법이 취해지고 있다. 또, 최근에는 반도체 검출기도 다수 사용되게 되었다. 데이터의 처리에는 컴퓨터가 이용되어 검량선 작성, 농도 계산은 물론이고 각종 보정도 간단하게 할 수 있게 되었다.

✤ 7. 간섭

간섭이 적다고 알려진 ICP 발광분광 분석법에도 간섭은 존재한다. 분석 시에는 간섭의 유무 확인, 스펙트럼선 선택, 측정법 선택 등이 필요하다.

실제 시료용액에서는 목적원소뿐 아니라 다른 원소나 산·알칼리 등이 공존하고 있는 경우가 대부분이다. 이것은 측정에 다양한 영향을 미치게 되는데, 이것을 간섭이라고 부른다. 간섭의 분류에는 몇 가지 있지만, 여기에서는 종래의 방법으로 실시한다. 정확한 정량분석을 실시하기 위해서는 간섭을 올바르게 알고 대처해야 한다.

[1] 물리 간섭

물리적인 인자변화에 의해 생기는 분석 방해를 물리 간섭이라고 한다. 물리 간섭은 그림 4.11에서도 알듯이 시료용액의 분무, 수송 과정에서 일어난다.

그림 4.12는 각종 산 농도를 변화시켰을 때 발광강도의 변화를 나타내고 있다.

또 산만이 아니고, 고농도 염류나 유기물이 공존했을 경우에도 같은 현상이 일어나는 경우가 있다.

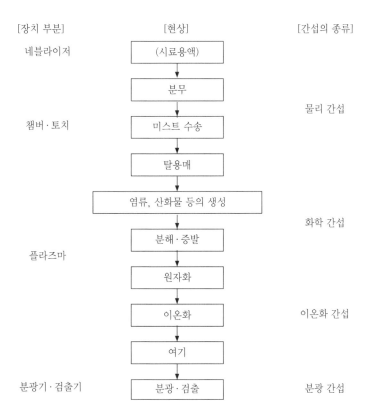

그림 4.11 ICP 발광 분광 분석에서 일어나는 현상과 간섭의 종류

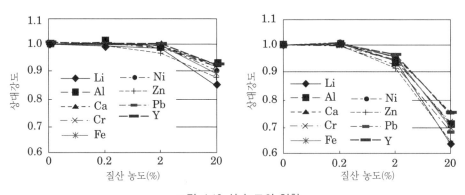

그림 4.12 산 농도의 영향

CHAPTER 4

[2] 화학 간섭

탈용매로부터 원자화까지의 과정에서 난용해성 원소 간 화합물이 생성된다. 그러면 원자화 과정에서 화합물의 분해가 불완전해져 원자화 효율이 저하한다. 이로 인해 발생하는 간섭을 화학 간섭이라고 한다.

플레임을 이용하는 원자흡광 분석에서는 공존물질에 의한 화학 간섭이 많이 알려져 있다. 칼슘(Ca)에 대한 PO_4^3, 마그네슘(Mg)에 대한 알루미늄(Al)이나 규소(Si), 티탄(Ti)에 대한 Al 등이 그 예이다. 한편 ICP 발광분광 분석법에서는 이러한 화학 간섭이 보고된 예는 없다. 이것은 플라즈마의 고온특성으로 인해 화합물도 곧바로 분해되기 때문이다.

[3] 이온화 간섭

시료 안에 나트륨(Na), 칼륨(K), Ca 등 이온화되기 쉬운 원소가 공존하는 경우 이온화 평형이 어긋나 발광강도가 변화한다. 중성 원자선에서는 강도 증가, 이온선에서는 강도 감소가 일어난다. 이것 때문에 발생하는 방해를 이온화 간섭이라고 한다.

그림 4.13은 Na의 이온화 간섭에 의한 Ca의 각 분석선의 강도변화를 나타낸다. 가로축은 Na 농도, 세로축은 각 분석선의 상대강도(Na 농도가 0일 때의 강도를 1로 한다)이다.

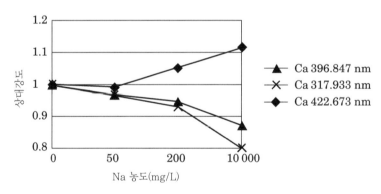

그림 4.13 이온화 간섭의 예

[4] 분광 간섭

플라즈마 가스 성분의 Ar이나 공존물질에서 유래하는 분광학적인 원인에 의해 측정 원소의 발광강도가 변동하기 때문에 발생하는 방해를 분광 간섭이라고 한다.

분광 간섭은 3개의 타입으로 분류할 수 있다. 스펙트럼선이 겹치는 강한 근접선의 가장자리 부분과 겹쳐지는 연속광에 의해 백그라운드가 상승하는 것이다. 이러한 모습을

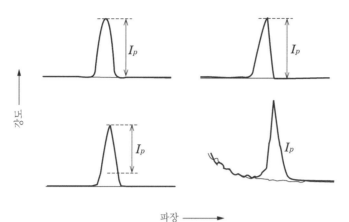

굵은 선 : 전체 신호, 가는선 : 백그라운드 신호, Ip : 목적 원소의 피크 강도
① 분광 간섭이 없는 스펙트럼선
② 백그라운드 레벨이 상승한 경우
③ 일치한 작은 방해의 피크를 포함한 경우
④ 강한 방해 피크의 가장자리 부분에 겹쳐질 경우

그림 4.14 분광 간섭의 분류

그림 4.14에 나타낸다. 분광 간섭에 의한 영향은 모두 측정원소의 농도와는 무관하게 신호강도의 증가로서 나타난다. 그 때문에 미량 수준의 분석에서 보다 중요한 문제가 되므로 주의가 필요하다.

또, 그림 4.15에 분광 간섭의 실례를 나타낸다. 카드뮴(Cd) 228.802nm (▼)에 대해 비소(As) 228.812nm의 방해를 볼 수 있다. 분광기 성능에 따라 얻을 수 있는 결과에 차이가 있음을 알 수 있다.

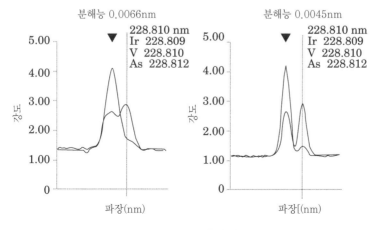

그림 4.15 분광 간섭의 실례

❖ 8. 보정법

전 항에서는 여러 가지 간섭에 대한 원인과 현상에 대해 설명했다. 이러한 간섭을 제거하거나 억제하려면 전처리에 의해 간섭의 원인이 되는 성분을 없앨 필요가 있다. 그러나 시료의 전처리에는 오염 등으로 시료가 훼손될 수 있기 때문에 보정을 이용하는 것이 일반적이다.

[1] 매트릭스 매칭법

ICP 발광분광 분석법은 상대 분석법이다. 검량선 시료에 의해 검량선을 작성해 정량을 실시한다. 검량선 시료는 분석 시료와 조성이 유사해야 한다. 이것은 검량선 시료와 분석 시료의 조성이 일치하지 않으면 분석 시료의 간섭 시 정량값에 오차가 생기는 것을 의미한다. 그러나 분석 시료와 조성이 유사하면 검량선 시료가 분석 시료와 같은 간섭을 받으므로 문제가 생기지 않는다.

즉, 물리 간섭이나 이온화 간섭의 원인이 되는 산이나 주성분의 농도를 알면 검량선 시료와 분석 시료의 조성을 유사하게 할 수 있다. 이로써 간섭이 없는 정량이 가능해진다.

다만, 매트릭스 매칭을 위해서 첨가한 시약에서 불순물이 혼입되는 것에 주의가 필요하다. 최근 측정 대상 원소의 농도 수준이 저하함에 따라 매트릭스 매칭이 곤란해지고 있다. 이 경우는 다른 보정법을 사용한다.

[2] 내부표준법

물리 간섭은 시료 도입량의 변화에 의한 것이다. 따라서 이 도입량을 측정해 그 변화분을 보정하면 좋다. 그러나 도입량을 체적이나 중량으로서 상시 감시하는 것은 곤란하다. 내부표준법에서는 도입량의 변화를 기준이 되는 원소(내부표준원소)의 발광강도로서 측정해 그 강도의 변화분에 따라 보정한다. 검량선 시료에 내부표준원소를 일정량 첨가해 측정원소의 발광강도(I_s)와 내부표준원소의 발광강도(I_R) 비를 계산한다. 이 발광강도비를 측정원소 농도에 대해서 작도해 검량선을 작성한다. 분석 시료에도 똑같이 내부표준원소를 일정량 첨가해 발광강도비를 측정하여 측정원소의 농도를 구한다.

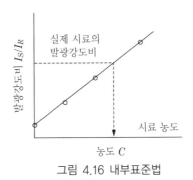

그림 4.16 내부표준법

내부표준법에 의해 물리 간섭을 제거할 수 있다. 또, 플라즈마의 움직임 등에 의한 발광강도의 변동을 보정해 측정 정밀도(반복 재현성)를 개선할 수 있다.

표 4.1에 나타낸 조건인 ①로부터도 알듯이, 측정원소와 내부표준원소의 발광강도 거동이 같아 보정을 실시할 수 있다. 측정원소의 농도가 낮아져 *BEC* 농도(p.104 참조) 이하가 되면 측정원소의 발광강도 변동보다 백그라운드의 변동이 커진다. 일반적으로 백그라운드의 거동은 측정원소나 내부표준원소의 거동과 다르다. 이 때문에 측정원소의 농도가 *BEC* 이하인 경우 측정 정밀도(반복 재현성)가 나빠지는 경우가 있다.

표 4.1 내부표준원소의 조건

① 측정원소와 거동이 동일할 것
② 측정원소, 공존원소의 분광 간섭을 받지 않을 것
③ 측정원소에 분광 간섭을 주지 않을 것
④ 시약으로서 비교적 저렴하며 구하기 쉬울 것

[3] 백그라운드 보정

검량선법에서는 목적원소의 스펙트럼선 강도(I_P)와 백그라운드 강도(I_B)를 맞추어 전체 발광강도(I'_P)로서 측정한다. 이 때문에 분광 간섭에 의해 백그라운드 강도가 변화했을 경우 전체 발광강도도 변화해 정량값에 오차가 생긴다. 이 백그라운드의 변화를 보정하는 것이 백그라운드 보정이다.

다만, 백그라운드 보정에서는 변화량을 보정하는 것이 아니라 변화하는 백그라운드를 공제한다.

보정식 $I_P = I'_P - I_B$

$$= I'_P - \left\{ I_S + \frac{\Delta D_S}{\Delta D_S + \Delta D_L} \times (I_L - I_S) \right\}$$

$$= I'_P - \frac{\Delta D_S \times I_L + \Delta D_L \times I_S}{\Delta D_S + \Delta D_L}$$

I_P = 보정 후 강도, I'_P = 보정 전 강도, I_B = 백그라운드 강도

I_S = 단파장 측 백그라운드 포인트에서의 강도

I_L = 장파장 측 백그라운드 포인트에서의 강도

ΔD_S = 단파장 측 백그라운드 포인트까지의 파장 차

ΔD_L = 장파장 측 백그라운드 포인트까지의 파장 차

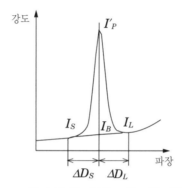

그림 4.17 백그라운드 강도의 계산

❖ 9. 정량분석

용액을 주요 분석대상으로 하는 ICP 발광분광 분석법에서는 정량법으로서

① 검량선법

   – 발광강도법(협의의 검량선법)

   – 내부표준법

② 표준첨가법

이 이용된다.

[1] 검량선법

검량선법은 통상 이용되는 정량법이다. 검량선 시료를 이용해 검량선을 작성하고, 분석 시료의 발광강도를 측정해 목적원소의 정량을 실시하는 방법이다.

검량선법으로 측정할 때 주의할 점을 표 4.2에 열거한다.

표 4.2 검량선법의 주의점

① 검량선 시료의 변성이나 오염이 없을 것
② 검량선 시료와 분석 시료의 조성이 유사할 것
③ 검량선의 직선 범위에서 측정할 것
④ 분광 간섭이 없는 분석선을 사용할 것

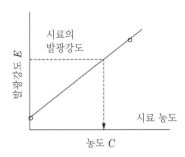

그림 4.18 정량법의 원리(검량선법)

표 4.3 검량선 작성상의 유의점

① 검량선의 유효범위는 검량선 상한 시료의 1/100~2배를 기준으로 할 것
② 검량선 상한 시료의 최저 농도는 BEC로 할 것
③ 검량선의 직선성을 확인할 것
④ 시료 점수는 2~5점이 바람직하다
⑤ 필요에 따라 보정을 실시할 것

ICP 발광분광 분석법에서는 검량선의 직선성이 좋기 때문에 블랭크 시료와 어떤 농도의 검량선 시료 2점만으로 검량선을 작성할 수 있다. 다만, 검량선 시료의 조제 확인을 위해 블랭크 시료를 포함해 4점으로 검량선을 작성하는 것이 바람직하다.

[2] 표준첨가법

표준첨가법은 공존물질(매트릭스)에 의한 간섭을 제거할 수 없는 경우에 이용하는 방법이다. 그림 4.19와 같이 분석 시료 용액에 측정원소와 거의 같은 농도 수준으로 몇 점(1~3점) 농도를 바꾸어 표준용액을 첨가한다. 분석 시료 그대로 용액을 포함해 발광강도를 측정하고, 직선을 연장해 가로축의 절편으로부터 분석 시료 내의 농도를 구한다. 표준첨가법을 적용하려면 표 4.4의 사항에 주의한다.

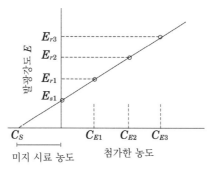

그림 4.19 정량법의 원리(표준첨가법)

표 4.4 표준첨가법의 주의점

① 측정 범위의 검량선 직선성을 확인할 것
② 첨가 시료는 1∼3점이 바람직하다
③ 첨가 범위는 예상 농도의 2배 정도를 상한으로 할 것
④ 첨가 용액량은 일정, 미지 시료에도 순수를 첨가할 것
⑤ 사용하는 분석선에 온라인에서 백그라운드의 피크가 없을 것
⑤ 백그라운드 보정에 의해 측정할 것

❖ 10. 검출한계와 정량하한

일반적으로 검출한계와 정량하한은 다음과 같이 정의된다.

① BEC : Background Equivalent Concentration

스펙트럼 신호(S)와 백그라운드(B)의 비가 1(S/B=1)이 되는 농도를 나타낸다.

$$BEC = I_B \times 1/k$$

I_B : 공시료의 강도

k : 검량선의 기울기

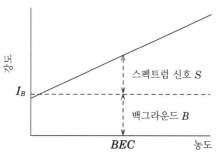

그림 4.20 검량선과 BEC

② 검출한계, DL : Detection Limit(LOD : Limit of Detection)

측정파장에 있어서의 백그라운드 강도를 반복 측정해 그 강도 변동의 표준편차 크기의 3배에 상당하는 강도를 주는 원소 농도로 나타낸다.

$$DL = 3 \times \sigma_B \times 1/k$$

σ_B : I_B의 표준편차

k : 검량선의 기울기

③ 정량하한, LQD : Limit of Quantitative Determination

검출한계와 마찬가지로 $10\sigma_B$에 상당하는 강도를 주는 원소 농도로 나타낸다.

$$LQD = 10 \times \sigma_B \times 1/k$$

σ_B : I_B의 표준편차

k : 검량선의 기울기

검출한계를 BEC를 이용해 다시 쓰면

$$DL = 3 \times \sigma_B \div I_B \times BEC$$
$$= 3 \times RSD_B \times BEC$$
$$(I_B \times 1/k = BEC)$$
$$RSD_B : I_B의\ 변동계수\,(\sigma_B \times I_B \times 100)$$

일반적으로 ICP 발광분광 분석에 있어서 백그라운드 강도의 변동계수는 1% 이하이므로

$$DL \leq 3 \times BEC/100$$
$$LQD \leq 10 \times BEC/100$$
$$(RSD_B \leq 1/100)$$

로 나타낼 수 있다.

4-3 ◆ 물시료에 적용

❖ 1. 공정법

ICP 발광분광 분석법은 국내외에서 많은 공정법으로 채용되고 있다. 이하에 환경분석 관련 규격과 시험법의 일부를 설명해 둔다. 이 중 환경기준·폐수기준 측정에는 일부 원소 시험에 JIS K 0102를 원용하고 있다.

JIS K 0101 공업용수 시험방법

JIS K 0102 공업폐수 시험방법

JIS M 0202 갱수·폐수 시험방법

상수 시험법(수도법)

수질오탁 방지법 환경기준, 폐수 기준

또한 발광분광 분석통칙(JIS K 0116)에서 정량법과 정량하한이 규정되어 있다.

또,

ISO 11885 수질-ICP 발광분광 분석법에 의한 33원소의 분석

EPA 200.7 "Determination of Trace Element Analysis of Water and
                   Wastes"

등이 있다.

❖ 2. 하천수 등의 분석

물시료는 특별히 전처리 등은 필요로 하지 않지만, 환경수에서는 녹지 않는 물질이 혼재하는 경우가 있다. 이 때문에 목적에 따라 상기의 공정법에 의거하여 산에 의한 분해 등을 실시한다. 각각의 기준과 측정을 실시하는 장치의 감도에 따라서는 농축·추출 등의 전처리나 초음파 네블라이저나 수소화물 발생법을 이용하는 경우도 있다. 또, 해수 등과 같이 대량의 공존물질을 포함한 경우에는 이온화 간섭이 발생하므로 대처가 필요하다.

표 4.5에 (사)일본분석화학회 하천수 표준물질과 수돗물의 분석 예를 나타낸다.

표 4.5 하천수, 수돗물의 분석 예

원소명	하천수				수돗물		
	표준물질 JAC 0031		표준물질 JAC 0032		첨가회수시험		
	정량값	인증값	정량값	인증값	정량값	첨가량	회수율(%)
(단위 : μg/L)							
Pb[*1]	<0.2	0.026±0.003	10.01	9.9±0.2	0.27	10	96.3
Cr[*1]	0.2	0.14±0.02	10.0	10.1±0.2	0.53	50	97.1
Cd[*1]	<0.01	(0.003)	1.03	1.0±0.02	<0.01	10	95.3
Se[*2]	<0.6	(0.1)	4.9	5.2±0.3			
As[*2]	<0.6	0.28±0.04	5.7	5.5±0.3			
Cu[*1]	0.8	0.88±0.03	10.7	10.5±0.2	10.0	100	103.0
Fe[*1]	7.1	6.9±0.5	57.0	57±2	3.5	300	98.8
Mn[*1]	0.5	0.46±0.02	5.4	5.4±0.1	0.2	50	99.0
Zn[*1]	0.8	0.79±0.05	11.6	11.3±0.4	11.0	100	98.0
B	8.8	9.1±0.5	59.9	59±2	15.9	100	103.1
Al[*1]	14	13.4±0.7	63	61±2	17	100	100.4
Ni[*1]	0.2	—	10.3	10.2±0.3	0.3	10	98.0
Mo[*1]	0.4	—	0.5	—	<0.05	70	98.0
(단위 : μg/L)							
Ca	12.5	12.5±0.2	12.6	12.5±0.2	19.9	—	—
Mg	2.78	2.83±0.06	2.82	2.86±0.04	6.29	—	—
K	0.67	0.68±0.02	0.66	0.67±0.01	0.56	—	—
Na	4.20	4.2±0.1	4.47	4.5±0.1	5.00	—	—

*1 초음파 네블라이저, *2 수소화물 발생법

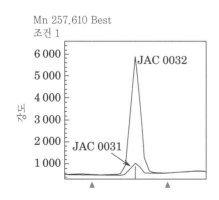

Mn 257.610 Best
조건 1

강도

JAC 0032

JAC 0031

그림 4.21 Mn의 스펙트럼선 프로파일

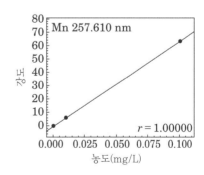

Mn 257.610 nm

강도

농도(mg/L)

$r = 1.00000$

계산식 : $C = a \times I^3 + b \times I^2 + c \times I + d$

계수 : $a = 0.0000000$ $c = 0.0015545$
$b = 0.0000000$ $d = -8.635525 \times 10^{-5}$

비중 : 없음 원점 통과 : 없음

그림 4.22 Mn의 검량선

4-4 ✦ 토양시료에 적용

✦ 1. 머리말

도양시료에 ICP 발광분꽝 분석을 적용힐 때에는 공정법에 규정된 방법의 경우 정해진 규정대로 실시한다. 또, 전량분석을 실시할 때에도 시료를 완전하게 분해한 방법이 적용되지만, 어느 경우든 전처리를 적절히 실시하여 시료용액을 조제할 필요가 있다. 본 절에서는 토양시료를 ICP 발광분광 분석법으로 분석하는 경우에 있어, 공정법의 개요와 측정 시 주의점에 대해 설명한다.

✦ 2. 공정시험법

공정법에는 2003년에 시행된 토양오염 대책법과 관계된 시험법이 있다.

토양오염 대책법에 대해 규정된 공정법 중에서 ICP 발광분광 분석법이 적용되는 검정성분은 제2종 특정 유해물질 중 Cd, 6가크롬(Cr(Ⅵ)), 셀렌(Se), 납(Pb), As, 붕소(B)다. 각 특정 유해물질의 분석법은 표 4.6에 나타낸 바와 같으며, 토양 환경기준에

표 4.6 토양 환경기준

특정 유해 물질의 종류	토양 용출기준 환경성 고시 제18호		토양힘유량 기준환경성 고시 제19호 (mg/kg)	측정방법(ICP-OES)의 규격
	제1 용출 기준(mg/L)	제2 용출 기준(mg/L)		
Cd	0.01 이하	0.3 이하	150 이하	JIS K 0102, 55.3
Cr(Ⅵ)	0.05 이하	1.5 이하	250 이하	JIS K 0102, 65.2
Se	0.01 이하	0.1 이하	150 이하	JIS K 0102, 67.3(수소화물 발생)
Pb	0.01 이하	0.1 이하	150 이하	JIS K 0102, 54.3
As	0.01 이하	0.3 이하	150 이하	JIS K 0102, 61.3(수소화물 발생)
B	1 이하	30 이하	4,000 이하	JIS K 0102, 47.3

ICP-OES : Inductively Coupled Plasma Optical Emission Spectroscopy

관한 시험법으로서 토양 용출조사의 환경성 고시 제18호 및 토양 함유조사의 환경성 고시 제19호가 규정되어 있다. 모두 검액이 규정된 방법으로 조제한 후에 JIS K 0102에 따라 각 원소를 ICP 발광분광 분석법에 의해 측정한다. 각각의 규정법에서는 이하에 나타내는 방법으로 검액을 조제한다.

[1] 토양 용출조사의 검액 작성법[1]
(a) 채취한 토양 취급
채취한 토양은 유리 용기 또는 측정 대상 물질이 흡착하지 않은 용기에 담는다. 시험은 토양 채취 후 즉시 실시한다. 시험을 즉시 실시할 수 없는 경우에는 어두운 곳에 보존하고, 가능한 한 신속하게 시험을 실시한다.

(b) 시료 작성
채취한 토양을 바람에 건조한 후 작은 돌, 나뭇가지 등을 제거하고 흙덩이, 덩어리를 조쇄한 후 비금속제 2mm 눈의 체를 통과시켜 얻은 토양을 충분히 혼합한다.

(c) 시료액 조제
시료(단위: g)와 용매(순수에 염산을 더해 pH가 5.8 이상 6.3 이하가 되도록 한 것)(단위 : mL)를 중량 체적비(고액비) 10%의 비율로 혼합하고, 또한 그 혼합액이 500mL 이상이 되도록 한다.

(d) 용출
조제한 시료액을 상온(대략 20℃) 상압(대략 1기압)에서 진탕기(미리 진탕 횟수를 매분 200회로, 진탕 폭을 4cm 이상 5cm 이하로 조정한 것)를 이용해 6시간 연속 진탕한다.

(e) 검액 작성
(a)~(d)의 조작을 실시해 얻어진 시료액을 10~30분 정도 둔 후, 매분 약 3,000회전으로 20분간 원심분리한 후 상증액을 직경 0.45μm의 멤브레인 필터로 여과해 여액을 뽑아 정량에 필요한 양을 정확하게 재어 이것을 검액으로 한다.

[2] 토양 함유량 조사의 검액 작성법[2]
(a) 채취한 토양 취급
채취한 토양은 폴리에틸렌 용기 또는 측정 대상물질이 흡착 혹은 용출하지 않은 용기에 담는다. 시험은 토양 채취 후 즉시 실시한다. 시험을 즉시 실시할 수 없는 경우에는 어두운 곳에 보존하고, 가능한 한 신속하게 시험을 실시한다.

(b) 시료 작성

채취한 토양을 바람에 건조한 후 작은 돌, 나뭇가지 등을 제거하고 흙덩이, 덩어리를 조쇄한 후, 비금속제 2mm 눈의 체를 통과시켜 얻은 토양을 충분히 혼합한다.

(c) 검액 작성

Cd, Se, Pb, As, B에 대해서는 다음과 같이 한다.

① **시료액 조제** 시료 6g 이상을 칭량히여 시료(단위 : g)외 용매(순수에 염산을 더해 염산이 1mol/L가 되도록 한 것)(단위 : mL)를 중량 체적비 3%의 비율로 혼합한다.

② **용출** 조제한 시료액을 실온(대략 25℃) 상압(대략 1 기압)에서 진탕기(미리 진탕 횟수를 매분 200회로 진탕 폭을 4cm 이상 5cm 이하로 조정한 것)를 이용해 2시간 연속 진탕한다. 진탕 용기는 폴리에틸렌 용기 또는 측정 대상 물질이 흡착 혹은 용출하지 않은 용기이며 용매의 1.5배 이상의 용적을 가지는 것을 이용한다.

③ **검액 작성** ②의 진탕에 의해 얻어진 시료액을 10~30분 정도 둔 후, 필요에 따라서 원심분리해 상증액을 직경 0.45㎛의 멤브레인 필터로 여과해 여액을 뽑아 정량에 필요한 양을 정확하게 채취해 이것을 검액으로 한다.

Cr(Ⅵ)에 대해서는 다음과 같이 한다.

① **시료액 조제** 시료 6g 이상을 재어 채취한 시료(단위 : g)와 용매(순수에 탄산나트륨 0.005mol(탄산나트륨(무수물) 0.53g) 및 탄산수소나트륨 0.01mol(탄산수소나트륨 0.84g)를 용해해 1L로 한 것)(단위 : mL)를 더해 염산이 1mol/L가 되도록 한 것)(단위 : mL)를 중량 체적비 3%의 비율로 혼합한다.

② **용출** 조제한 시료액을 실온(내략 25℃) 상압(내략 1기압)에서 진탕기(비리 진탕 횟수를 매분 200회로, 진탕 폭을 4cm 이상 5cm 이하로 조정한 것)를 이용해 2시간 연속 진탕한다. 진탕 용기는 폴리에틸렌 용기 또는 측정 대상 물질이 흡착 혹은 용출하지 않은 용기이며, 용매의 1.5배 이상의 용적을 가지는 것을 이용한다.

③ **검액 작성** ②의 진탕에 의해 얻어진 시료액을 10~30분 정도 둔 후, 필요에 따라 원심분리해 상증액을 직경 0.45㎛의 멤브레인 필터로 여과해 여액을 뽑아 정량에 필요한 양을 정확하게 채취해 이것을 검액으로 한다.

❖ 3. 측정법

ICP 발광분광 분석법의 측정법은 그림 4.23에 나타내듯이 (a) 검량선법 (b) 내부표준법 (c) 표준첨가법이 있다. 각 측정법의 주의점을 설명한다.

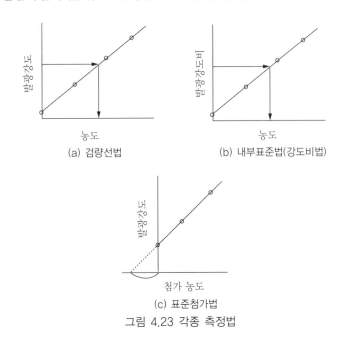

그림 4.23 각종 측정법

[1] 검량선법

표준액으로 작성한 검량선 용액을 조제하고 발광강도와 농도의 관계선을 작성해 미지 시료의 원소 농도를 구하는 방법이다. 이 방법에는 매트릭스 매칭을 실시하지 않는 경우와 실시하는 경우가 있다.

매트릭스 매칭을 실시하지 않는 경우는 간섭이 없거나 간섭이 정량 목적성분에 대해서 무시할 수 있는 경우에 적용할 수 있다. 매트릭스 매칭을 실시하는 경우는 시료용액 내의 매트릭스 성분을 이미 알고 있는 경우에 적용할 수 있다. 특히 분광 간섭이 크고 통상의 백그라운드 보정만으로는 분광 간섭의 보정을 완전하게 할 수 없는 경우에는 이 방법이 필수가 된다.

토양시료의 경우는 표 4.7의 (사)일본분석화학회가 반포한 토양 표준물질에 나타나 있듯이 Fe, Al의 함유 농도가 높아 분광 간섭을 일으키기 쉽기 때문에 매트릭스 매칭에 의해 간섭의 억제가 유효한 경우도 많다. 산 농도가 다르기 때문에 생기는 물리 간섭은 시료용액과 검량선 용액의 산 농도를 맞춤으로써 억제할 수 있다.

표 4.7 토양 함유성분의 예

	화산재 토양 (JSAC 0411) (mg/kg) (마른 흙)	갈색 삼림토 (JSAC 0401) (mg/kg) (마른 흙)
Al	76,000	65,000
Ba	250	410
Fe	33,000	30,000
K	6,400	17,000
Si	–	350,000
Ti	3,200	3,800

[2] 내부표준법

내부표준법(강도비법)은 시료용액 및 검량선 작성용 표준액 모두에 동일 농도로 특정 원소를 첨가하고, 이것을 내부표준원소로서 분석 대상원소의 발광강도와 내부표준원소의 발광강도 비를 구해 발광강도비와 농도의 관계선을 작성해 정량값을 얻는 방법이다.

내부표준원소에 요구되는 조건은 다음과 같다.

① 시료에 함유되지 않을 것
② 분광 간섭을 일으키지 않을 것
③ 측정원소와 유사한 분광특성을 가진 것(이온선, 원자선, 여기 에너지가 유사)

내부표준법의 첫 번째 사용 목적은 물리 간섭의 보정이다. 보정은 신호성분에 대해서만 유효하므로 분석 대상성분의 농도가 낮은 경우에는 반드시 백그라운드 보정을 해야 한다. 내부표준원소의 첨가량은 SB비로 적어도 20 이상이 되도록 한다. 내부표준으로 많이 이용되는 원소로는 이트륨(Y), 인듐(In), 텔루륨(Te)이 있다.

내부표준의 두 번째 목적은 반복성의 향상이다. 이 경우는 분석 대상원소와 내부표준원소의 플라즈마 내에서의 거동이 일치하는 것이 바람직하고 내부표준원소·파장의 선택이 중요하다. 또 적용하는 농도범위도 반복성을 확보하기 쉬운 농도로 실시할 필요가 있다.

[3] 표준첨가법

표준첨가법은 매트릭스에 의한 간섭을 제거할 수 없는 경우에 적용한다. 시료용액에 측정원소 농도와 거의 같은 수준의 농도로 1~3점 농도를 바꾸어 표준액을 첨가하고, 표준액을 첨가하지 않은 시료용액을 포함해 발광강도를 측정한다. 발광강도와 첨가농도의 관계선을 구해 얻어진 관계선을 외삽해 X축(농도 축) 절편의 값으로부터 시료 내의 농도를 구한다. ICP 발광분광 분석에서는 백그라운드의 발광강도를 가지기 때문에 표준첨가법을 적용하려면 반드시 백그라운드 보정을 실시하지 않으면 안 된다. 측정농도가 미량인 경우에는 백그라운드 보정의 오차가 측정값에게 주는 영향을 평가하는 등의 주의는 필수이다. 다만, 토양시료의 경우는 간섭원소의 농도가 시료에 따라 다른 경우가 많이 있기 때문에 적용하려면 반드시 간섭원소의 농도를 확인해 둘 필요가 있다.

표준첨가법의 주의점을 정리하면 다음과 같다.

① 측정 농도 범위에서의 직선성이 확보되어 있을 것
② 측정파장에서 분광 간섭이나 백그라운드의 변동이 없을 것
③ 표준용액의 첨가로 침전 등을 일으키지 않을 것
④ 백그라운드 보정을 반드시 실시할 것

❖ 4. 분광 간섭

토양오염 대책법에서 시험항목이 되는 원소 중에서 B와 Cd 측정 시에는 공존하는 철(Fe)에 의한 분광 간섭에 특히 주의가 필요하다. 토양 내 Fe는 표 4.7에 나타낸 대로 비교적 농도가 높기 때문에 미리 공존하는 Fe 농도를 조사해 두면 간섭억제의 대책도 실시하기 쉽다. 그림 4.24 및 그림 4.25는 B 및 Cd를 0.5ppm 포함한 용액에 Fe를 500ppm 공존시켰을 때의 스펙트럼이다. Fe가 고농도로 존재하는 경우에는 각각의 파장에 간섭하기 때문에 측정값이 높은 값을 나타내게 된다.

이러한 경우에 파장을 변경하면 분광 간섭을 피할 수 있다. 변경하는 파장으로는 B의 측정에 208.956nm를, Cd의 측정에 228.802nm를 사용하면 된다. 다만 측정하는 장치에 따라 분해능의 차이가 있기 때문에 간섭 유무에 대해서는 미리 확인해 둘 필요가 있다. 이러한 간섭이 일어나는 것을 상정해 시험을 하면 측정값을 올바르게 얻을 수 있다. 또, 간섭성분을 미리 용매 추출법 등으로 분리해 측정하는 것으로도 분광 간섭을 피할 수 있다. 이 경우에는 간섭성분은 미리 분리되어 있으므로 측정원소의 최강선으로 분석하는 것이 가능하다.

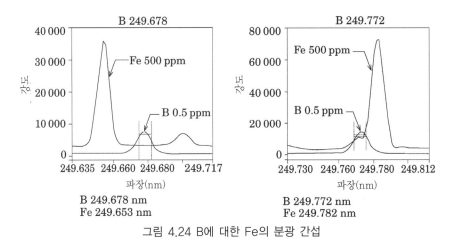

B 249.678 nm
Fe 249.653 nm

B 249.772 nm
Fe 249.782 nm

그림 4.24 B에 대한 Fe의 분광 간섭

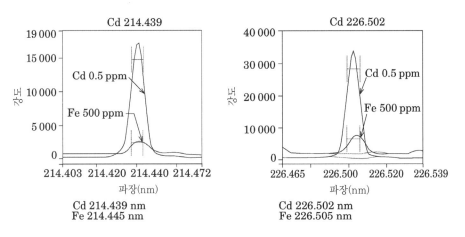

Cd 214.439 nm
Fe 214.445 nm

Cd 226.502 nm
Fe 226.505 nm

그림 4.25 Cd에 내한 Fe의 분광 간섭

❖ 5. 수소화물 발생법

As 및 Se을 측정할 때에는 수소화물 발생법[3]을 적용하면 감도를 향상시킬 수 있다. 수소화물 발생법의 개략도를 그림 4.26에 나타낸다. 염산과 수소화붕소나트륨 용액을 시료용액에 혼합해 기체로서 발생하는 As 및 Se의 수소화물을 캐리어 가스와 함께 플라즈마에 도입해 측정한다.

이때 시료용액 내의 As 및 Se은 예비환원을 실시해 둔다. 이것은 수소화물 발생법에서 수소화물이 되는 원소의 가수(價數)를 맞춰 둘 필요가 있기 때문에 As는 As(Ⅲ)로, Se은 Se(Ⅳ)로 한다. 환원제로서는 As에 대해 요오드화칼륨을, Se에 대해서는 염산만으로 가열할 수 있다. 또한, Se에 대해 요오드화칼륨을 사용하면 Se(0)가 되므로 수소화물 발생법을 적용할 수 없다. 또, As의 예비환원으로 사용한 요오드화칼륨이 수소화

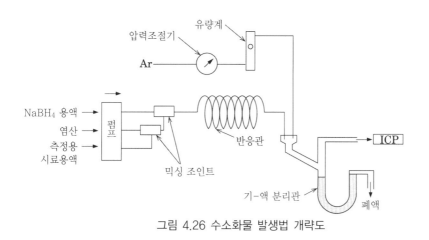

CHAPTER 4

그림 4.26 수소화물 발생법 개략도

물 발생장치의 계 내에 잔존하면 Se의 측정을 올바르게 실시할 수 없게 되기 때문에 요오드화칼륨이 잔존하지 않게 주의할 필요가 있다.

수소화물 발생법에서 주의할 점을 정리하면 다음과 같다.

① 수소화물 발생법에서는 측정성분을 무기태로 해 둘 필요가 있기 때문에 시료의 전처리에서는 유기태로 존재하는 성분을 분해해 둘 필요가 있다.

② 예비환원을 확실히 실행한다. 또, 요오드화칼륨의 잔존이 Se에 미치는 영향을 피한다.

③ 수소화물 발생으로 음의 간섭 원인이 되는 Cu, Ni, 귀금속의 공존에 주의한다. Se 측정 시에는 그림 4.27에 나타내듯이 공존하는 Cu가 저농도로 공존해도 크게 간섭한다.

④ 수소화물 발생장치와 ICP 발광분광 분석법의 올바른 접속과 체크를 실시한다. 측정성분을 기체로 도입하므로 누출에 주의한다.

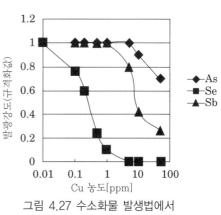

그림 4.27 수소화물 발생법에서 공존하는 Cu의 영향

❖ 6. 융해한 시료 측정

전량분석에서는 토양시료를 불산에 의한 분해 또는 알칼리 융해법으로 분해해 시료 용액을 조제하는 경우가 많다. 산에 의한 분해의 경우는 Cr의 형태에 따라 분해 곤란한 경우가 있기 때문에 주의가 필요하다.

여기에서는 알칼리 융해로 분해했을 경우의 주의점에 대해 설명한다. 미분쇄한 시료를 채취한 후 시료에 대해 10배 정도의 융제(탄산나트륨 등)로 융해해 시료용액을 조제한다. 이 시료용액에는 매트릭스로서 Na 등의 알칼리가 존재한다. ICP 발광분광 분석 장치의 축방향 관찰 및 가로방향 관찰에 있어서 Na이 매트릭스로서 존재하는 경우 측정원소에 미치는 간섭의 영향에 대해 조사한 결과를 그림 4.28 및 그림 4.29에 나타낸다. 그림 중의 I 및 II는 각각 원자선 및 이온선을 나타낸다. 특히 축방향 관찰에 대해 원자선과 이온선에 대해서는 매트릭스인 Na으로부터의 간섭이 큼을 알 수 있다.

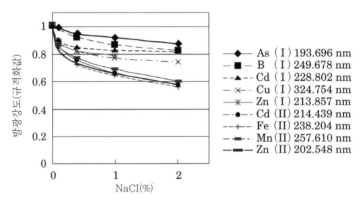

그림 4.28 축방향 관찰에서 각 원소에 미치는 염화나트륨의 영향

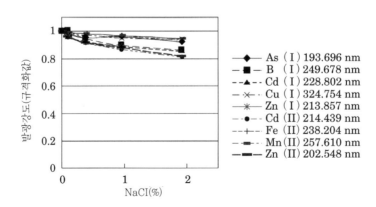

그림 4.29 가로방향 관찰에서 각 원소에 미치는 염화나트륨의 영향

가로방향 관찰에서는 축방향 관찰에 비해 전체적으로 간섭의 크기가 작지만, 축방향 관찰과 마찬가지로 이온선이 원자선보다 간섭의 정도가 큼을 알 수 있다. 이것으로부터 알칼리 매트릭스 내에서의 간섭은 이온선과 원자선의 거동에 주의할 필요가 있음을 알 수 있다. 이것은 일반적으로 이온화 간섭이라 불리고 있다. 측정 시에는 융제를 매칭시킨 검량선 용액을 이용하는 것이 바람직하다.

알칼리 원소의 매트릭스 농도를 알지 못하는 경우에는 내부표준 보정을 실시하면 간섭의 영향을 보정할 수 있다. 표 4.8은 축방향 관찰에 대해 NaCl 농도가 다른 용액 내에서 각 원소의 감도 상실에 대해 조사한 결과이다. NaCl 농도가 0%인 경우를 1로 하여 감도 상실의 비율을 수치로 나타냈다. 이때 측정원소와 같은 감도 상실을 나타내는 원소를 내부표준원소로 하면 보정을 최적화할 수 있다. 표 4.8에는 측정원소와 내부표준원소의 최적인 조합이 제시되어 있다. 축방향 관찰에서는 원소, 파장별로 내부표준 조합의 효과가 큼을 알 수 있다.

표 4.8 측정원소와 내부표준원소의 조합 예(축방향 관찰)

측정원소 파장[nm]	I 또는 II	감도상실	내부표준원소 파장[mm]	I 또는 II	감도 상실
B 208.956	I	0.824	Te 214.282	I	0.847
B 249.678	I	0.910	In 325.609	I	0.908
B 249.772	I	0.892	In 325.609	I	0.908
Cd 214.439	II	0.782	Y 360.074	II	0.789
Cd 226.502	II	0.768	Yb 328.937	II	0.762
Cd 228.802	I	0.907	In 303.936	I	0.915
Cr 205.560	II	0.789	Y 360.074	II	0.789
Cr 206.158	II	0.788	Y 360.074	II	0.789
Cr 267.716	II	0.784	Y 360.074	II	0.789
Pb 182.143	II	0.715	Sr 407.771	II	0.727
Pb 217.000	I	0.847	Te 214.282	I	0.847
Pb 220.353	II	0.739	Yb 369.419	II	0.754

주의 : 장치에 따라 다른 경우가 있음

CHAPTER 4

❖ 7. 정리

    토양시료 분석에는 시료용액 조제를 위한 확실한 전처리와 ICP 발광분광 분석법 시 최적의 측정방법을 적용하지 않으면 안 된다. 특히 측정에서는 전처리를 고려한 검량선 용액의 조제 및 간섭을 고려한 측정방법의 선택이 분석 성공 여부를 쥐고 있다. 본 절에서 말한 주의점을 고려해 적절한 분석법을 적용할 수 있을 것이다.

참고문헌

1) 環境省告示第 18 号「土壌溶出量調査に係る測定方法を定める件」平成 15 年 3 月 6 日

2) 環境省告示第 19 号「土壌含有量調査に係る測定方法を定める件」平成 15 年 3 月 6 日

3) エスアイアイ・ナノテクノロジー(株):「ICP 発光分光分析　ユーザースクールテキスト」

5장

ICP 질량 분석법

5-1 •ICP 질량 분석법의 원리

1. 머리말

1980년 ICP 질량 분석법(Inductively Coupled Plasma Mass Spectrometry, 이하 ICP-MS)은 호크(R. S. Houk) 교수에 의해 발표되었다. ICP-MS는 5,000K 이상의 고온 플라즈마 내에서 시료를 이온화하고, 인터페이스부로부터 진공부에 도입해 질량 분석계에 의해 70종 이상의 원소를 측정할 수 있는 다원소 분석방법이다. 대부분의 원소에 대해 ppt(ng/L) 수준의 측정이 가능하기 때문에 가장 감도가 높은 무기 분석장치라고 할 수 있다.

시료의 적용범위는 다양한 개량에 의해 해마다 확대되어 반도체 분야의 초고순도 시약이나 초순수 시료의 측정뿐만 아니라, 해수나 하천수 등과 같이 금속 매트릭스 성분을 포함한 환경분야에서도 신뢰성 있는 장치로 평가받고 있다.

특히 최근에는 다이내믹 리액션 셀(DRC)이나 콜리전 리액션 셀(CRC), 콜드 플라즈마 등의 개발에 의해 ICP-MS의 최대 문제점인 다원자 이온 간섭을 제거할 수 있게 됐다. 여기에서는 ICP-MS의 원리와 특장점, 분석을 실시할 때의 포인트 등에 대해서 설명한다.

2. 동위체와 동중체

우선은 ICP-MS를 사용하려면 동위체 및 동중체를 이해하고 있어야 한다. 동위체와 동중체의 예를 표 5.1에 나타낸다. 표 5.1은 철(Fe)과 니켈(Ni) 각각의 동위체를 집계한 것이다.

동위체란 하나의 원소에 대해서 질량수가 다른 것을 말한다. 예를 들면 Fe의 경우 54, 56, 57, 58이라는 4개의 동위체가 있다.

일반적으로는 존재비가 높은 질량수가 고감도이기 때문에 사용되는 것이 많지만, 원소에 따라서는 다원자 이온 간섭에 주의할 필요가 있다. Fe는 90% 이상이 56이지만, $^{40}Ar^{16}O$의 간섭에 주의하지 않으면 안 된다.

그러나 최근에는 다원자 이온 간섭의 제거기술이 발달하고 있기 때문에 이러한 기술을 이용하면 기본적으로 존재비가 높은 질량수를 이용하는 것이 효과적이다.

한편 Ni에 대해서는 58, 60, 61, 62, 64 5개의 동위체가 있고, 마찬가지로 Ni에서는 존재비가 높은 질량수는 58임을 알 수 있다.

여기서 Fe에도 존재비는 작지만, 질량수 58이 있다는 것에 주목하길 바란다. 이것이

동중체이며 다른 원소에서 질량수가 같은 것을 말한다. 특히 Fe를 고농도로 포함한 시료 중 미량의 Ni를 측정하는 경우에는 주의할 필요가 있으며, 다른 질량수를 이용하는 것도 유효한 수단이라고 할 수 있다.

표 5.1 Fe와 Ni의 동위체

원소	동위체	존재비(%)	양자수	중성자수
Fe	^{54}Fe	5.845	26	28
	^{56}Fe	91.754	26	30
	^{57}Fe	2.119	26	31
	^{58}Fe	0.282	26	32
Ni	^{58}Ni	68.0769	28	30
	^{60}Ni	26.2231	28	32
	^{61}Ni	1.1399	28	33
	^{62}Ni	3.6345	28	34
	^{64}Ni	0.9256	28	36

❖ 3. ICP-MS의 구성

그림 5.1에 ICP-MS 분석장치의 개략도를 나타낸다. ICP-MS는 일반적으로 시료도입부, 이온화부, 인터페이스부, 이온렌즈부, 질량분리부, 검출부, 진공배기부로 구성되어 있다.

ICP-MS에 도입되는 시료는 기본적으로는 용액 상태인 것이다. 용액시료는 네블라이저에 도입되어 캐리어 가스(아르곤(Ar) 가스)의 압력에 의해 안개 상태로 바꿀 수 있다.

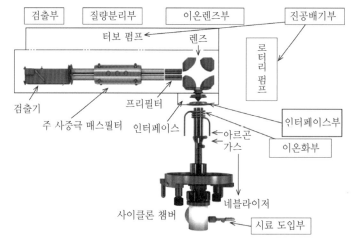

그림 5.1 ICP-MS 개략도의 일례

그림 5.2 각종 네블라이저

네블라이저에는 동축형, 크로스플로형, V홈형 등이 있다(그림 5.2 참조). 동축형 네블라이저는 유리나 석영으로 된 것이 중심이었지만, 최근에는 불산에도 대응할 수 있는 PFA 등의 불소수지로 된 것도 시판되고 있다. 시료를 페리스태틱 펌프를 사용하지 않고 캐리어 가스의 압력에 의해 부압(자연) 흡인하는 것이 가능하고 메모리(전 시료의 나머지)가 적어 비교적 많이 사용되고 있는 네블라이저라고 할 수 있다.

다음으로 네블라이저에 의해 안개화된 용액시료는 스프레이 챔버 내에서 입경을 선별한다. 일반적인 네블라이저로부터 분무된 시료의 입경은 수μm 이하인 것부터 수십μm로 상당히 광범위하게 분포하고 있다.

스프레이 챔버는 네블라이저로부터 안개화된 시료 가운데 입경이 작은 것만을 플라즈마에 도입하는 역할을 하며 플라즈마의 안정성(신호안정성)에 영향을 준다. 스프레이 챔버에는 이중관형과 사이클론형이 있다.

일반적으로는 네블라이저로부터 안개화된 시료량(매분 1mL) 가운데 1~3% 정도밖에 플라즈마에는 도입되지 않고 나머지는 외부로 폐기된다(그림 5.3 참조).

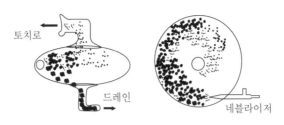

그림 5.3 사이클론형 스프레이 챔버

동축형 네블라이저에서는 분무량이 매분 20~100μL 정도인 마이크로플로 타입도 시판되고 있다. 작은 입자지름의 안개만 발생되기 때문에 수십% 수준로 플라즈마에 도입하는 것도 가능하게 되었다.

1mL 이하 극소량 시료의 측정이나 입자지름이 작기 때문에 유기용매나 금속 매트릭스 성분을 다량으로 포함한 시료에 유효하다.

표 5.2는 각종의 네블라이저에 의한 감도 및 높은 매트릭스 공존하에서의 첨가 회수율을 비교한 것이다.

표 5.2 각종 네블라이저에 의한 감도와 높은 매트릭스에의 대응(일례)

네블라이저	시료 도입량 (mL/분)	감도 (cps/ppb)	높은 매트릭스 공존하에서의 첨가 회수율(%)
① 매분 1000μL용	1	100,000	50
② 매분 100μL용	0.1	60,000	90
③ 매분 20μL용	0.02	40,000	100

①의 네블라이저와 비교해 ②, ③은 각각 시료 도입량이 1/10, 1/50이 된다. 그러나 각각의 감도를 비교하면 시료 도입량의 비율은 완전히 차이가 남을 알 수 있다.

③에서는 1/50의 도입량이어도 감도는 1/50이 되지 않고 1/2 정도이다. 이것은 ②나 ③으로부터 분무되는 안개는 ①에 비해 시료의 입자지름이 작고 그 비율도 높다. 즉, 분무된 시료가 플라즈마의 도입효율이 매우 높아지기 때문에 감도가 저하하기 어려워진다.

게다가 고농도 금속 매트릭스를 포함한 시료 내의 불순물을 측정하는 경우에는 안개 입자가 작으므로 감도저하가 일어나기 어렵다(첨가 회수율이 좋다).

스프레이 챔버로부터 선별된 시료는 Ar 가스와 함께 토치(그림 5.4 참조)의 중심을 통과해 '도넛 구조'로 불리는 플라즈마의 중심으로 도입된다. 이때, 5,000K 이상으로 가열되어 순간적으로 탈용매와 분자화를 거쳐 이온화된다.

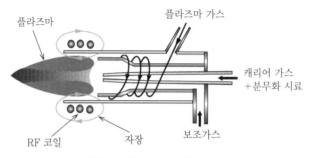

그림 5.4 플라즈마 토치

토치는 3중관 구조를 하고 있으며, 가장 바깥쪽에는 '플라즈마 가스'(냉각가스)가 흘러 플라즈마가 토치에 접촉하는 것을 막는 역할을 한다. 3중관 한가운데에는 '보조가스'가 흘러 플라즈마의 위치를 유지하는 역할을 한다. 특히 유기용매를 측정하는 경우에는 주의할 필요가 있다(플라즈마가 사라져 버릴 가능성도 있다).

플라즈마를 통과한 이온은 인터페이스부(진공 입구)를 거쳐 진공 내에 도입된다. 인터페이스는 구리(Cu), Ni, 또는 백금(Pt)으로 된 오리피스 지름 1~1.5mm 정도의 샘플링콘 및 0.3~1mm 정도의 스키머콘으로 구성된다.

샘플링콘을 통과한 이온은 초음속 제트 상태가 된다.

이온이 '마하 디스크(충격파)'를 형성해 에너지가 확산되기 전에 다음 장소에 유도하기 위해 스키머콘을 마하 디스크 속에 꽂아 넣듯이 배치한다. 그 사이는 로터리 펌프에 의해 감압되고 있다. 스키머콘을 통과한 양의 이온 흐름은 이온렌즈부에 의해 수렴되어 효율 좋게 질량분리부로 유도된다(그림 5.5 참조). 최근에는 그림 5.5와 같이 스키머콘(하이퍼 스키머콘)을 하나 더 부가해 효율을 높인 것도 있다. 이때, 플라즈마로부터의 중성입자나 자외광을 어떠한 방법에 의해 제거할 필요가 있다. 백그라운드 신호 상승의 원인이 되기 때문이다.

그래서 이온만을 90도 굽히는 방법이나 렌즈의 축과 질량 분석계의 축을 어긋나게 하고, 그 사이에 이온의 축을 굽히기 위한 렌즈계를 넣는 등의 방법이 취해지고 있다. 이온렌즈에 의해 수렴된 이온은 질량분리부에 보내진다. 질량분리부는 일반적으로는 그림 5.6과 같이 사중극자 질량 분석계이며, 4개의 로드에 직류와 교류전압이 인가되어 있어 이 조정에 의해 분해능이 결정된다. 사중극자 질량 분석계의 원리는 그림 5.6

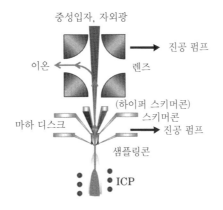

그림 5.5 인터페이스의 일례

에 나타내듯이 어느 일정한 질량수부터 높은 것을 제거하는 부분과 낮은 것을 제거하는 부분으로 되어 있다. 즉, 어느 영역의 질량수만을 통과시킬 수 있다. 사중극자 질량 분석계의 분해능에 대해서는 그림 5.7에 나타내듯이 α 및 q에 따라 결정된다.

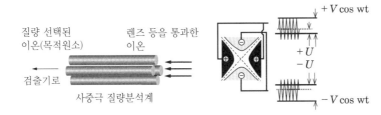

그림 5.6 사중극 질량분석계

 a 및 q는 그림 5.7의 식으로 나타내듯이 주파수(ω), 직류전압(U). 교류전압(V), 로드 간 내접 반지름(r)으로 결정된다. 일반적으로는 그림에서 보듯이(주 사중극 소인선) 각각의 정점을 지나도록 설정된다. 사중극자 질량 분석계에 의해 질량 선택된 이온은 검출부에 의해 카운트된다.

 2차 전자증배관에 의해 검출된 이온에 의해 생긴 펄스 수를 셈으로써(펄스 카운트 방식) 이온량을 정량한다. 이온의 농도가 높을 때(200만cps 이상)에는 이온에 의해 생기는 전류값을 측정(아날로그 방식)한다. 이것들을 조합함으로써 넓은 검량선의 직선성(다이내믹 레인지 10^8)을 커버하고 있다(그림 5.8 참조).

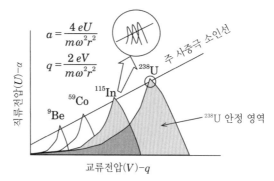

그림 5.7 사중극 질량분석계의 분해능

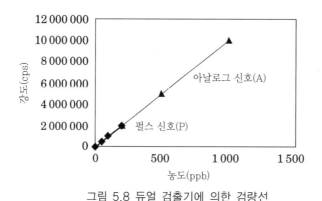

그림 5.8 듀얼 검출기에 의한 검량선

일반적으로는 펄스 신호의 연장선상에 아날로그 신호가 타도록 보정된다. 또, 최근에는 이온렌즈와 사중극자 질량 분석계 사이에 반응 셀을 설치해 다원자 이온을 제거하는 기능도 개발되고 있다. 반응 셀에 대해서는 후술한다(5. [2] (b) ②, ③ 참조).

✦ 4. ICP-MS의 최적화

① 장치의 시동 : 플라즈마를 점등해 20~30분간 난기운전을 실시한다.

② 조정 : 장치의 난기운전 후 ③~⑤에 나타내는 질량분리부, 감도 등을 조정한다.

③ 질량축 : 측정하는 원소의 질량수와 질량분리부의 질량축을 일치시킨다.

　　전체 질량축을 조정하기 위해 저, 중, 고 질량수의 원소를 포함한 조제용 용액을 이용해 조정한다. 측정질량에 대해서 ±0.05amu(원자 질량 단위) 이내를 기준으로 한다.

④ 분해능 : 어떤 질량 m의 피크 높이의 5% 또는 10% 높이에서의 피크 폭(amu)을 Δm으로 했을 때, 분해능은 $m/\Delta m$으로 나타낼 수 있다. 전체 질량범위를 조정할 필요가 있기 때문에 조정에는 질량축 조정에 이용한 조제용 용액을 이용해 질량수의 조정과 동일 질량으로 실시한다. 각 스펙트럼의 Δm은 0.65~0.8m의 범위를 기준으로 한다.

⑤ 장치 판정항목 : 분석 목적에 따라 다음에서 정하는 항목을 평가한다.

- 감도(cps/ppb)
- 백그라운드 강도(m/z=8 혹은 220)
- 산화물 이온 생성비(CeO/Ce×100)
- 2가 이온 생성비(Ba^{++}/Ba^{+}×100)
- 단기 안정성(1초 적분으로 10회 연속)
- 장기 안정성(30분 간격 3시간)
- 검량선의 직선성(상한에서 10% 이상 감소하지 않는다)
- 장치 검출하한
- BEC(Background Equivalent Concentration : 백그라운드 상당 농도)

　감도 최적화는 이온화부 및 이온렌즈부의 파라미터를 조정함으로써 실시한다. 전체 질량범위에 걸쳐 조정하는 것이 바람직하고, 조정에는 저, 중, 고 질량수의 원소를 포함한 조제용 용액을 이용해 3질량수 정도를 동시에 모니터하면서 조정한다. 일반적으로는 질량축 조정에 사용한 조제용 용액을 이용해 같은 질량수에서의 감도를 조정한다. 각 질량수에서 감도가 높아지도록 조정함과 동시에 산화물 이온 및 3가 이온의 생성비가 작아지도록 이온화부의 파라미터를 조정한다.

CHAPTER 5

일반적으로는

- 고주파 출력 → 높게 하면 감도가 증가하고 산화물 이온의 생성비는 억제
- 캐리어 가스 유량 → 너무 높으면 감도가 저하하고 산화물 이온의 생성비는 증가
- 샘플링 깊이(토치 샘플링콘 사이의 거리) → 거리를 짧게 하면 감도는 증가

그림 5.9는 RF출력과 캐리어 가스 유량의 최적값에 대해 나타낸 것이다.

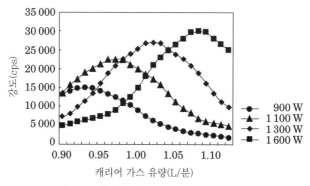

그림 5.9 캐리어 가스 유량과 RF출력의 관계

RF출력이 높아짐에 따라 캐리어 가스 유량의 최적값은 높은 쪽으로 움직이면서 강도가 상승하고 있음을 알 수 있다.

이와 같이 RF출력과 캐리어 가스 유량은 각각이 독립한 조건이 아니라 서로 관계가 있음을 알 수 있다. 일반적으로 RF출력을 높이면 플라즈마의 온도가 상승하고, 한편 캐리어 가스 유량은 낮은 쪽이 온도가 높기 때문에 그림의 관계를 예측할 수 있다.

산화물 이온 및 2가 이온의 생성비는 1~10μg/L 세륨(Ce) 및 바륨(Ba) 용액을 이용해 각각의 산화물 이온 생성비(Ce에 대한 CeO)와 2가 이온 생성비(Ba^+에 대한 Ba^{++})를 구한다. Ce이나 Ba은 각각 산화물, 2가 이온을 비교적 생성하기 쉬운 원소이므로 모니터 원소로서 사용된다.

장치 검출하한이란 검량선의 기울기와 검량선용 공시료액의 반복 정밀도로부터 구한다. 검량선용 공시료액을 연속 10회 측정했을 때 얻어진 신호의 표준편차의 3배의 강도에 상당하는 농도를 나타낸다. BEC와 DL(Detection Limit : 검출하한값)의 비교를 그림 5.10에 나타낸다.

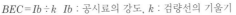

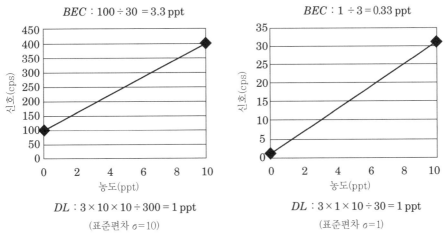

그림 5.10 *BEC*와 *DL*(검출하한값)의 차이

2개의 그림에 대해 좌측은 우측보다 감도가 높지만(1ppb당 강도가 높다), 공시료값(농도 0에 대한 강도)은 우측이 낮다. 이 2개 검량선의 *BEC*와 검출하한값을 구하면 아래와 같이 된다.

우선, 공시료의 강도가 농도로 환산해 몇 개가 되는지를 계산한 농도가 *BEC*이다. 이 2개의 경우 우측 검량선의 *BEC*가 더 낮은 것을 알 수 있다. 한편 검출하한값은 모두 같다는 것을 알 수 있다. 즉, 감도가 높은 편이 최적조건인 것처럼 생각되지만, 감도를 높게 하기 위해서 백그라운드가 높아지면 최적의 조건은 아니라고할 수 있다.

❖ 5. ICP-MS의 문제점과 해결법

그림 5.11은 참값에 대한 측정값의 재현성을 나타낸 것이다.

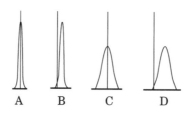

그림 5.11 참값과 재현성

세로 선을 참값으로 했을 때에 측정값이 어떠한 분포를 나타내지를 보여주고 있다. 각각 이하를 가리키고 있다.

        A – 참값에 가깝고 재현성도 좋다. 이상적인 결과이다.
        B – 재현성은 좋지만 참값으로부터 멀어지고 있다.
        C – 평균값은 참값에 가깝지만 재현성이 나쁘다.
        D – 참값으로부터 멀어져 있고 게다가 재현성도 나쁘다.

당연히 A의 패턴이 목표가 되지만, B가 되는 경우가 많기 때문에 주의할 필요가 있다. 재현성에 관해서는 장치 상태(콘의 막힘, 렌즈의 오염 등)에 기인하는 경우도 있다. 참값으로부터의 오차는 다원자 이온 간섭이나 물리 간섭 등에 의하는 것이어서 같은 매트릭스 농도라면 재현성 좋게 같은 정도의 간섭이 일어나게 된다. 예를 들면 해수의 경우 시료 내에 Cl(염소)가 많이 포함되기 때문에 ^{52}Cr를 측정하려면 ^{35}Cl^{16}O^{1}H의 간섭이 생긴다. 이것은 같은 시료를 측정하는 한 동등한 간섭이 생긴다(음의 간섭).

마찬가지로 황산 등의 점성이 있는 시료를 충분히 희석하지 않고 측정했을 경우에는 플라즈마에 대한 도입효율이 낮아지기 때문에 검량선(묽은 질산 용액)에 비해 감도가 저하한다. 이것도 같은 황산 농도라면 일정한 비율로 감도가 저하한다(음의 간섭).

이상과 같이 재현성이 좋다고 해서 반드시 올바른 값(참값에 가깝다)이라고는 할 수 없다는 것을 이해해 둘 필요가 있다.

ICP-MS에서 문제가 되는 간섭에 대해 다음에 나타낸다.

[1] 비분광학적 간섭

- 물리 간섭
- 이온화 간섭 및 화학 간섭
- 매트릭스 간섭(공간 전하 효과)

비분광학적 간섭의 유무 확인

비분광학적 간섭의 크기는 미지 시료에 대해 일정량의 측정 대상원소를 첨가해, 그 회수율로부터 추정된다. 회수율이 낮고 분석값의 신뢰성이 확보되지 않는다고 판단되는 경우에는 **내부표준법** 또는 **표준첨가법**에 의해 보정한다. 또, **동위체 희석법**을 이용하면 비분광학적 간섭을 받는 경우에도 측정할 수 있다.

[2] 분광학적 간섭

- 동중체 이온 ^{40}Ca에 대한 ^{40}Ar 등
- 2가 이온   Ba^{++}/Ba^{+}(^{69}Ga에 대한 ^{138}Ba) 등
- 다원자 이온 ^{75}As에 대한 ^{40}Ar^{35}Cl 등

아르곤 플라즈마를 이온화원으로 하는 경우에는 초순수를 시료로서 도입했을 경우에도 ^{40}Ar^{16}O, ^{38}Ar^{1}H, ^{40}Ar^{40}Ar 등 Ar에 기인한 다원자 이온의 스펙트럼이 나타난다. 염산을 첨가했을 경우에는 ^{35}Cl^{16}O, ^{35}Cl^{16}O^{1}H, ^{40}Ar^{35}Cl 등의 염소원자를 포함한 다원자 이온이 생성된다.

또 공존원소를 포함한 다원자 이온이 측정 대상원소에 간섭하는 경우도 있다. 알칼리토류, 희토류 원소 등은 산화물을 생성하기 쉬워 이러한 원소의 질량에 16(^{16}O)을 더한 질량수의 위치에 간섭이 나타난다.

표 5.3 목적 대상원소 Cr, Fe, Mn에 간섭하는 다원자 이온 예

원소	다원자 이온
^{52}Cr	^{35}Cl^{16}O^{1}H^{+}, ^{40}Ar^{12}C^{+}, ^{36}Ar^{16}O^{+}, ^{37}Cl^{15}N^{+}, ^{34}S^{18}O^{+}, ^{36}S^{16}O^{+}, ^{38}Ar^{14}N^{+}, ^{36}Ar^{15}N^{1}H^{+}, ^{35}Cl^{17}O^{+}
^{53}Cr	^{37}Cl^{16}O^{+}, ^{38}Ar^{15}N^{+}, ^{38}Ar^{14}N^{1}H^{+}, ^{36}Ar^{17}O^{+}, ^{36}Ar^{16}O^{1}H^{+}, ^{35}Cl^{17}O^{1}H^{+}, ^{35}Cl^{18}O^{+}, ^{36}S^{17}O^{+}, ^{40}Ar^{13}C^{+}
^{54}Fe	^{37}Cl^{16}O^{1}H^{+}, ^{40}Ar^{14}N^{+}, ^{38}Ar^{15}N^{1}H^{+}, ^{36}Ar^{18}O^{+}, ^{38}Ar^{16}O^{+}, ^{36}Ar^{17}O^{1}H^{+}, ^{36}S^{18}O^{+}, ^{35}Cl^{18}O^{1}H^{+}, ^{37}Cl^{17}O^{+}
^{56}Fe	^{40}Ar^{16}O^{+}, ^{40}Ca^{16}O^{+}, ^{40}Ar^{15}N^{1}H^{+}, ^{38}Ar^{18}O^{+}, ^{38}Ar^{17}O^{1}H^{+}, ^{37}Cl^{18}O^{1}H^{+}
^{55}Mn	^{40}Ar^{14}N^{1}H^{+}, ^{39}K^{16}O^{+}, ^{37}Cl^{18}O^{+}, ^{40}Ar^{15}N^{+}, ^{38}Ar^{17}O^{+}, ^{36}Ar^{18}O^{1}H^{+}, ^{38}Ar^{16}O^{1}H^{+}, ^{37}Cl^{17}O^{1}H^{+}

(a) 분광학적 간섭의 확인과 측정질량의 확인

측정 대상원소에 3개 이상의 동위체가 존재하는 경우에는 각각의 농도 또는 동위체 비를 조사함으로써 분광학적 간섭의 유무를 확인할 수 있다. 측정 대상원소의 천연 동위체 존재율이 이미 알고 있는 값과 다른 경우에는 분광학적 간섭이 존재할 가능성이 높다. 측정 대상원소가 단핵종(하나의 질량수밖에 없다)인 경우에는 측정 대상원소의 질량수에서 16을 뺀 질량수의 위치와 2배 질량수의 위치에 피크가 존재하지 않는지를 확인할 필요가 있다(산화물이나 2가 이온에 의한 간섭 확인).

(b) 분광학적 간섭의 억제법
- 이중 수속형 분해능 ICP-MS
- 부속장치의 병용(가열 기화 도입장치, 수소화물 발생장치 등)
- 형태 분석법(HPLC, GC, CE 등)
- 측정조건 변경(콜드 플라즈마 조건) 특정원소(Fe, Ca(칼슘), K(칼륨) 등)에 사용할 수 있다
- 수학적 간섭 보정법
- 다이내믹 리액션 셀(DRC)
- 콜리젼 리액션 셀(CRC)

이 중 여기에서는 수학적 간섭 보정법, 다이내믹 리액션 셀(DRC), 콜리젼 리액션 셀(CRC)에 대해 설명한다.

① 수학적 간섭 보정법

분광학적 간섭의 정도를 측정 대상원소의 질량수와는 다른 질량수의 강도로부터 계산해 보정한다. 예를 들면 그림 5.12에 나타내듯이 As 정량의 경우 Cl에 의한 간섭이 있다. 여기서 질량수 75로 얻은 이온강도로부터 ^{75}As에 간섭을 나타내는 ^{40}Ar^{35}Cl의 이온강도분을 질량수 77의 ^{40}Ar^{37}Cl로부터 계산한다. 또한 질량수 77에는 ^{77}Se의 이온강도도 포함되어 있으므로 질량수 82의 이온강도에서 ^{77}Se 이온강도분을 공제하지 않으면 안 된다.

보정식

$$1.000 \times {}^{75}M - 3.127({}^{77}M - 0.815 \times {}^{82}M)$$

그러나 그림 5.12에 나타내듯이 존재 비율이 ArCl에 대해 As가 매우 작은 경우에는 ArCl의 편차에 의해 As 값의 정확도가 저하하기 때문에 주의할 필요가 있다.

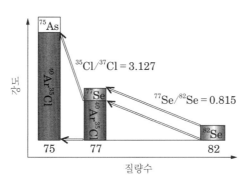

그림 5.12 분광 간섭 보정식

② 다이내믹 리액션 셀(DRC)

기본적인 구성으로는 이온렌즈부와 주 사중극 질량분리부 사이에 셀을 설치했다. 일반적인 ICP-DRC-MS의 구성을 그림 5.13에 나타낸다.

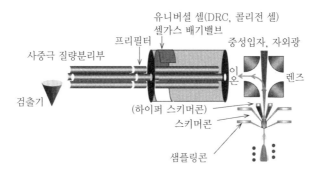

그림 5.13 ICP-DRC-MS의 구성

특징은 다음과 같다.

ⓐ 셀 안에 반응성 가스를 흘린다.
ⓑ 사중극자 매스필터가 내장되어 있다.

ICP-DRC-MS의 원리(전하 이동 반응)

$$Ar^+ + NH_3 \longrightarrow NH_3^+ + Ar$$
$$Ca^+ + NH_3 \longrightarrow NH_3^+ + Ca$$

반응 열역학에서 발열반응인지 흡열반응인지에 따라 반응 진행 여부가 정해지지만 이온화 포텐셜의 차이에 따라 반응이 생길지 여부를 추측할 수 있다.

즉, Ar의 이온화 포텐셜이 15.8eV에 대해서 NH_3의 이온화 포텐셜은 10.2eV로 Ar보다 낮다. 따라서 Ar 이온이 NH_3 가스와 충돌하면 NH_3가 이온화해 Ar 이온은 이온이 아니게 된다. 이 반응은 발열반응이며 외부로부터 에너지를 주지 않아도 반응은 생긴다.

한편, Ca 이온이 NH_3에 충돌하더라도 Ca의 이온화 포텐셜은 6.1eV로 NH_3보다 낮기 때문에 반응하지 않고 Ca는 이온 상태 그대로다. 이 반응은 흡열반응이며, 외부로부터 에너지를 주지 않으면 반응은 생기지 않는다.

$$Ar^+ + NH_3 \longrightarrow NH_3^+ + Ar$$
$$Ca^+ + NH_3 \not\longrightarrow NH_3^+ + Ca$$

이와 같이 NH_3를 이용함으로써 NH_3보다 이온화 포텐셜이 높은 이온은 반응에 의해 제거된다. 이것은 콜드 플라즈마가 이온화 포텐셜의 차이를 이용하고 있는 것과 유사하고 기본적으로 콜드 플라즈마로 저감할 수 있는 간섭은 NH_3를 반응가스로서 DRC로 제거할 수 있다. DRC에서는 NH_3 이외에 CH_4나 O_2 등이 이용된다.

여기서 NH_3 등의 반응성 가스를 이용했을 경우 반응 부생성물이 발생하는 문제가 생긴다.

그래서 DRC 내에는 주 사중극 매스필터와 동일한 것이 내장되어 분해능을 가짐으로써 반응 부생성물의 발생을 제거하고 있다.

③ 콜리전 리액션 셀(CRC)

콜리전 리액션 셀에는 일반적으로 수소(H) 또는 헬륨(He)이 이용된다. 각각의 가스를 이용했을 경우의 다원자 이온의 제거 원리를 다음과 같이 설명한다.

• H를 이용했을 경우의 원리(수소원자 이동, 프로톤 이동반응)

H를 이용했을 경우의 원리를 나타낸다.

$$Ar^+ + H_2 \longrightarrow ArH^+ + H \longrightarrow Ar + H_2 + H_3^+$$
$$Ca^+ + H_2 \longrightarrow Ca^+ + H_2 \ (반응\ 없음)$$

상기의 반응과 같이 H_2 가스와 Ar^+이 충돌하면 수소원자의 이동과 프로톤의 이동이 생긴다. 한편, Ca^+은 충돌하더라도 반응은 일어나지 않는다.

따라서 Ar에 의한 간섭을 제거하는 것이 가능해진다. 또, DRC에 있어서 NH_3를 이용했을 때와 마찬가지로 반응성 가스를 이용했을 경우에는 반응 부생성물이 발생하는 문제가 생긴다.

H_2를 이용하는 장치의 경우에는 CRC 내에는 6중극이나 8중극 등이 내장되어 있지만, 이러한 경우에는 분해능에 의한 분리는 아니고, ED(Energy Discrimination = 운동에너지 차이를 이용한 분별법)가 이용된다.

ED란 CRC에 인가된 전압보다 주 사중극 전자의 전압을 높임으로써 '전기적인 오름'의 상황을 만드는 것이다. 목적 대상원소는 플라즈마로부터의 운동에너지가 있기 때문에 그 비탈길을 오를 수가 있다.

한편, 반응 부생성물은 CRC 내에서 생성시키기 때문에 운동에너지가 낮아 비탈길은 넘을 수가 없다. 따라서 목적 대상원소만이 검출되게 된다.

• He를 이용했을 경우의 원리(충돌유도해리)

예를 들면 Fe에 대한 ArO의 간섭을 제거하는 경우 He을 도입하면 제거할 수 있다.

He에는 반응성이 거의 없기 때문에 단순한 충돌이 일어난다. 일반적으로 질량수가 같은 경우 다원자 이온 쪽이 크기 때문에 충돌할 확률은 높아진다.

다원자 이온은 He과 충돌했을 때 충돌에 의한 에너지보다 다원자 이온의 결합 에너지 쪽이 작은 경우에는 그 결합은 절단되어 해리함으로써 제거된다(ArO는 ^{40}Ar과 ^{16}O이 되기 때문에 ^{56}Fe에는 간섭하지 않는다).

해리하지 않은 경우에도 He과 충돌해서 다원자 이온의 운동에너지가 없어져 ED를 이용하면 제거할 수 있다.

❖ 6. 분석 준비

[1] 시약

고체시료를 직접 분석하는 경우도 있지만, 일반적으로는 용액화한 검사 대상물체를 측정하는 경우가 많다. 이 경우에는 측정 대상원소를 손실하지 않게 유의하면서 측정에 적절한 용액으로 조제할 필요가 있다.

이를 위해 질산(HNO_3), 염산(HCl), 황산(H_2SO_4), 과염소산($HClO_4$), 불산(HF) 등을 이용한다. 일본공업규격(JIS) 등에서 함유성분(측정 대상원소)의 농도를 확인해 분석에 지장이 없는 품질의 것을 이용한다.

[2] 표준액

검량선용 표준액에는 농도가 보증된 단일원소 또는 복수원소가 함유된 표준액을 이용한다. 다만, 단일원소에서의 농도는 보증되어도 혼합했을 경우에 목적 대상원소의 농도가 보증되지 않는 경우가 있으므로 주의가 필요하다.

목적 대상원소 이외의 원소가 주성분으로서 포함되어 있는 경우도 있다.

일례로서 단일원소의 Cr 및 K의 표준액은 혼합하시 못하는 경우도 있다. 이것은 Cr의 표준액은 3크롬산칼륨으로부터 조제되고 있으므로 K도 포함되어 있기 때문이다.

마찬가지로 Si의 표준액은 NaOH나 KOH 용액으로 구성되어 있는 경우도 있으며, 이 경우에는 당연히 Na(나트륨)이나 K과는 혼합할 수 없다.

또, 20~30종류 이상의 단일원소를 혼합해 조제했을 경우에는 각각의 불순물 합계가 포함되기 때문에 불순물 수준도 단순하게 증가하므로 주의한다.

아울러 원소의 조합에 따라서 침전물이 발생하는 경우도 있다. 단일원소의 표준액은 이상과 같은 점에 주의하면서 사용할 필요가 있다. 표준액에는 농도나 매트릭스 성분 등의 상세한 데이터가 기재된 것이 동봉되어 있으므로 사용 전에 확인하면 된다.

[3] 데이터의 질 관리 용액

연 4회 또는 필요에 따라서 그 이상의 횟수로 데이터의 질 관리용 용액을 분석해 검량선용 표준액의 유용성 및 장치 성능을 검사한다.

❖ 7. 분석방법의 종류

[1] 반정량 분석

ICP-MS는 단시간에 전체 원소의 질량 영역을 주사할 수 있기 때문에 시료 내에 함유된 원소를 정성할 수 있다. 때문에 측정용 시료용액 내의 각 원소 농도는 해당하는 질량수의 이온강도가 내장되어 있는 기준값으로부터 계산된다.

[2] 검량선법(그림 5.14 참조)

측정 대상원소의 농도가 다른 3종류 이상의 검량선용 표준액을 조제해 검량선을 작성한 후, 시료용액의 강도에 따라 농도를 산출한다. 이 방법은 매트릭스 성분에 의한 비분광학적 간섭이 작을 때에는 유효하다. 비분광학적 간섭의 확인에는 첨가 회수실험이 유효하다.

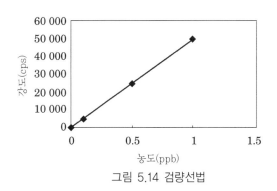

그림 5.14 검량선법

첨가 회수실험이란 시료용액 및 이미 농도를 알고 있는 측정 대상원소를 첨가해 시료를 각각 측정하고, 그 측정결과의 차이와 첨가한 농도의 비율을 구해 평가할 수 있다.

예를 들면, 시료용액 내의 농도가 5ppb인 경우 10ppb 첨가한 시료용액은 15ppb (5+10)가 되어야 하다. 첨가 회수율은(첨가 후 농도-첨가 전 농도)/첨가량× 100(첨가 후의 시료 결과가 15ppb인 경우 (15-5)/10×100=100%)로 구해진다.

[3] 내부표준법(그림 5.15 참조)

검량선용 표준액과 시료용액 사이에 비분광학적 간섭이 있는 경우에 그 보정법으로서 유효한 방법이다.

검량선용 표준액에 비해 시료 감도가 매트릭스에 따라 변화하는 경우가 있다. 그러한 경우 일정 농도 중 표준원소를 검량선용 공시료, 표준액 및 시료용액에 첨가한다.

측정 대상원소의 강도를 내부표준원소의 강도로 나눈 값에 의해 감도 저하를 보정하는 것이 가능하다.

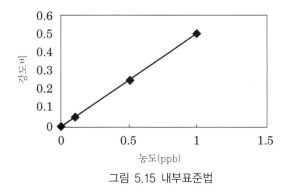

그림 5.15 내부표준법

따라서 통상의 검량선과 달리 세로축의 단위는 강도(cps)가 아니라, 강도 비(측정 대상원소의 강도/내부표준원소의 강도)가 된다.

첨가하는 내부표준원소의 조건으로서 다음을 들 수 있다.

- 측정 시료에 포함되지 않는다.
- 측정 질량과 질량수가 가깝다.
- 질량 스펙트럼의 겹침이 없다.
- 플라즈마 내에서 같은 거동을 나타내야 한다.
- Be(베릴륨), Y(이트륨), Ga(갈륨), Ge(게르마늄), Rh(로듐), In(인듐), Tl(탈륨), Bi(비스무스) 등.
- 변화율은 60~125% 이내인 것을 기준으로 한다.

상기의 조건을 만족해도 이온화 포텐셜의 차이 등에 의해 완전하게 보정하는 것이 곤란한 경우가 있다. 이 확인에는 첨가 회수실험(7항 [2]「검량선법」참조)이 유효하다.

[4] 표준첨가법(그림 5.16)

내부표준법과 마찬가지로 검량선용 표준액과 시료용액 사이에 비분광학적 간섭이 있는 경우에 이를 보정하는 방법으로 유효하다.

표준첨가법은 각각의 원소마다 보정을 할 수 있다.

시료용액을 4개 이상의 등량으로 분할해 각각에 대상원소의 농도를 변화시켜 첨가한다(무첨가를 포함).

통상의 검량선과 마찬가지로 첨가 농도(가로축)와 측정강도(세로축)의 검량선을 작성한다. 무첨가 시료(시료용액)가 x축의 농도 0일 때의 강도가 되어 그림의 y절편의 값이 된다. 이 검량선을 음의 농도까지 연장해 가로축과의 교점을 정량값으로 한다. 다만,

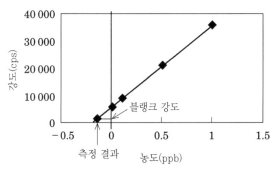

그림 5.16 표준첨가법

시약 공시료 등이 포함되어 있기 때문에 시료용액으로부터 공시료의 강도를 공제해 그 강도에 상당하는 농도를 구한다.

내부표준법, 표준첨가법은 비분광학적 간섭을 제거하는 목적으로 사용된다. 그러나 모든 비분광학적 간섭을 제거할 수 있는 것은 아니라는 점을 이해한 후 사용할 필요가 있다. 전술한 바와 같이 내부표준원소의 변화율이 검량선에 대해서 60~125% 이내임을 확인한 뒤에 보정할 필요가 있다.

표준첨가법의 경우에는 감도 변화의 기준이 되는 것이 없기 때문에 어느 정도 감도가 변화하고 있는지 이해하기 어렵다.

비분광학적 간섭이 없을 때의 측정 대상원소의 감도를 인식해 두면 좋을 것이다.

❖ 8. 분석 조작의 흐름

다음은 분석 조작의 흐름(일례)을 나타낸 것이다.

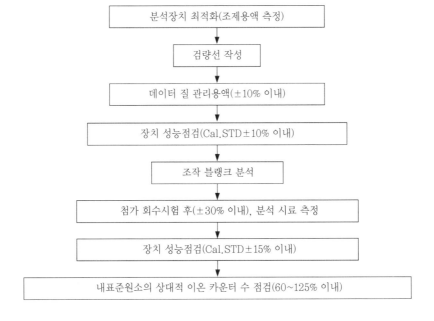

❖ 9. 보고서에 기재해야 할 항목

① 시료분석 년 월 일
② 장치 제조회사명 및 모델명
③ 시료명
④ 시료 채취장소 및 채취방법
⑤ 시료 조제방법(시료 분해법·분리 농축법 등)
⑥ 측정조건
⑦ 분석방법(정성분석·반정량분석·정량분석)
⑧ 정량방법(검량선법·내부표준법·표준첨가법·동위체 희석 분석법)
⑨ 단위 농도의 표시
⑩ 데이터의 질 관리용 용액의 종류와 분석결과
⑪ 기타

❖ 10. 맺음말

ICP-MS는 신속하고 저농도 수준까지 다원소 동시분석이 가능하다. 정량값을 정확하고 정밀하게 측정하기 위해서는 '플라즈마 조건', '분광학적 간섭, 비분광학적 간섭의 보정' 등의 최적화가 중요하다. 정성분석이 가능하다는 등의 특성을 살려 상기 여러 조건을 추측해 정량방법을 확립할 수 있다. 당연히 정량방법은 '루틴 분석대응'이 아니면 안 된다. 또한, 일상적으로 데이터의 질 관리를 충분히 실행함으로써 보다 신뢰성이 높은 분석값을 얻을 수 있다.

5-2 ◆ 물시료에 응용

1. 다원자 이온 간섭

물시료를 측정할 경우 매트릭스 성분으로서 Na, Mg(마그네슘), K, Ca, Cl 등이 포함되어 있는 것에 주의할 필요가 있다. 특히 Ca이나 Cl 등에 관해서는 몇 개의 다원자이온을 생성하는 것으로 알려져 있으므로 표 5.4에 나타낸다.

표 5.4 주요 다원자 이온 예

원소	다원자 이온
^{75}As	$^{40}Ar^{35}Cl^+$, $^{59}Co^{16}O^+$, $^{36}Ar^{38}Ar^1H^+$, $^{38}Ar^{37}Cl^+$, $^{36}Ar^{39}K$, $^{43}Ca^{16}O_2{}^+$, $^{40}Ca^{35}Cl^+$
^{52}Cr	$^{35}Cl^{16}O^1H^+$, $^{40}Ar^{12}C^+$, $^{36}Ar^{16}O^+$, $^{34}S^{18}O^+$, $^{36}S^{16}O^+$, $^{38}Ar^{14}N^+$, $^{36}Ar^{15}N^1H^+$, $^{35}Cl^{17}O^+$
^{55}Mn	$^{40}Ar^{14}N^1H^+$, $^{39}K^{16}O^+$, $^{37}Cl^{18}O^+$, $^{40}Ar^{15}N^+$, $^{38}Ar^{17}O^+$, $^{36}Ar^{18}O^1H^+$, $^{38}Ar^{16}O^1H^+$, $^{37}Cl^{17}O^1H^+$
^{56}Fe	$^{40}Ar^{16}O^+$, $^{40}Ca^{16}O^+$, $^{40}Ar^{15}N^1H^+$, $^{38}Ar^{18}O^+$, $^{38}Ar^{17}O^1H^+$, $^{37}Cl^{18}O^1H^+$
^{58}Ni	$^{58}Fe^+$, $^{40}Ar^{18}O^+$, $^{40}Ca^{18}O^+$, $^{42}Ca^{16}O^+$
^{60}Ni	$^{44}Ca^{16}O^+$, $^{43}Ca^{17}O^+$, $^{42}Ca^{18}O^+$

2. 다원자 이온 간섭의 제거

다원자 이온 간섭의 제거법은 1절 5항에서 소개했으므로 참조하기 바란다.

여기에서는 DRC를 이용한 제거법에 대해 소개한다.

특히 환경시료의 경우에는 DRC 가스로서 메탄(CH_4) 가스가 이용된다.

그림 5.17은 DRC에 의한 As에 대한 Cl의 간섭(ArCl) 제거효과를 나타낸 것이다.

Cl 매트릭스 및 여기에 1ppb의 As를 첨가한 시료에 대해 비교하였다.

그림과 같이 DRC 내에 메탄가스 0.15mL/분을 흘리면 ArCl가 제거되는 것을 알 수 있다.

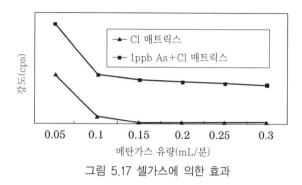

그림 5.17 셀가스에 의한 효과

이와 같이 다양한 다원자 이온은 DRC나 CRC에 의해 제거할 수 있다.

❖ 3. 표준물질의 분액

다원자 이온 간섭이 제거되었는지는 농도가 인증된 시료용액을 이용해 확인하는 것
이 유효하다.

표 5.5 하천수 표준물질의 인증값과 정량 결과(일례)

	원소	인증값 또는 참고값	정량값
미량 성분 [µg/L]	Pb	0.026 ± 0.003	0.03
	Cr	0.14 ± 0.02	0.15
	Cd	0.003	0.003
	Se	0.1	0.12
	As	0.28 ± 0.04	0.29
	Cu	0.88 ± 0.03	0.90
	Fe	6.9 ± 0.5	6.81
	Mn	0.46 ± 0.02	0.44
	Zn	0.79 ± 0.05	0.81
	B	9.1 ± 0.5	8.8
	Al	13.4 ± 0.7	13.1
고농도 성분 [mg/L]	K	0.68 ± 0.02	0.67
	Na	4.2 ± 0.1	4.3
	Mg	2.83 ± 0.06	2.88
	Ca	12.5 ± 0.2	12.3

몇 개의 환경수 표준물질이 시판되고 있지만 여기에서는 (사)일본분석화학회의 하천수 표준물질을 이용해 소개한다.

표 5.5에 나타내듯이 ppb(μg/L) 수준의 미량성분과 ppm(mg/L) 수준의 고농도 성분이 혼재하고 있음을 알 수 있다.

따라서 전술한 바와 같이 Ar이나 O뿐만 아니라 Ca 등에 의한 간섭도 있다는 점에 주의가 필요하다.

◆ 4. 참고 자료

표 5.5의 미량성분을 측정하는 것이 당연한 목적이지만, 최근에는 고농도 성분도 동시에 측정하는 것을 요구하는 경우가 많다.

여기에서는 참고 자료로서 ICP-DRC-MS를 이용한 저농도 성분부터 고농도 성분까지 모든 분석을 소개한다.

미량성분을 측정하기 위해서 장치는 최적화되어 충분한 감도가 되도록 조정되어 있다.

이 조건 그대로 고농도를 측정하면 당연히 상당한 강도가 되어 검출기가 포화하는 경우도 있다. 종래 이러한 경우에는 다음과 같은 방법을 취했다.

① 다른 장치(플레임 원자흡광 분석법 등)를 사용한다.
② 시료용액을 희석한다.
③ 다른 질량수를 사용한다.

그러나 시료 용액수의 증가나 처리 능력 저하 등의 문제가 있어 최선의 방법은 아니었다.

ICP-DRC-MS에서는 고농도 성분의 원소만 감도를 저하시킴으로써 미량성분과 동시에 측정하는 것이 가능하다.

DRC의 사중극자 매스필터는 분해능을 조정할 수 있기 때문에 고농도 성분을 측정할 경우에 분해능을 극단적으로 높게 함으로써 감도를 저하시키는 것이 가능해진다.

DRC의 사중극자 매스필터의 분해능은 측정 원소마다 변경할 수 있기 때문에 동시에 다양한 농도범위의 검량선을 작성할 수 있고, 표 5.5에 나타낸 것 같은 미량성분부터 고농도 성분까지 동시에 측정할 수 있다.

이와 같이 셀 내의 분해능뿐만 아니라 렌즈전압 등에 의해 각 원소의 감도를 조정할 수 있는 장치이면 동일한 측정이 가능해진다.

5-3 ◆ 토양시료에 적용

토양 내 중금속류와 관계되는 시험방법에는 2003년 3월 6일자 환경성 고시 제4호로 정해진 용출시험(순수로 용출)과 제4호로 정해진 함유시험(1mol/L 염산으로 용출)이 있다[6]. 이는 용액이든 Na, Ca, Fe, Mn 등의 주성분을 포함하고 있을 가능성이 있으며, 함유시험 시료 내의 주성분 농도는 수천mg/L~수 %에 이를 것으로 생각된다.

최근 ICP 질량 분석장치의 범용화에 따라 이러한 매트릭스에 대해서도 내성을 가진 장치가 시판되고 있어 실제로 민간 분석기관에서 토양시료를 하루에 몇 백 검체나 처리하는 경우도 생겼다. ICP 질량 분석법이 가지는 고감도·신속성을 생각하면 그것도 무리는 아니다.

그러나 정확한 정량값을 얻으려면 분석에 주의가 필요하다. 토양시료 내의 중금속류를 측정하는 경우 가장 고려해야 하는 것은 시료 내 주성분의 영향이다.

주성분이 기기에 미치는 영향으로는 다음과 같은 점을 들 수 있다.

① 목적원소의 감도 저하
② 샘플링콘·스키머콘의 막힘
③ 주성분에 의한 다원자 이온 간섭
④ 이온렌즈 등 진공계 내의 오염
⑤ 메모리 효과(농도가 높은 성분이 장치 내에 잔존)

모두 목적성분의 정량값에 오차를 일으키기 때문에 이러한 영향을 최소한으로 억제하도록 측정조건을 결정할 필요가 있다.

◆ 1. 시료의 희석

많은 경우 물추출에 의한 용출시험 시료는 그대로 ICP 질량 분석장치에 도입하는 것이 가능하다(시료에 따라서는 용출액의 pH가 산성이 되어 성분 추출량이 많아질 수도 있으므로 그 경우는 희석이 필요).

한편, 함유시험 시료의 경우는 주성분 농도가 높기 때문에 희석이 필요하다. 희석배율은 주성분의 총량과 측정성분에 대해 필요한 검출하한값과의 균형에 따라 정해진다. 내부표준법으로 측정하는 경우 주성분의 총량은 수 1,000mg/L 정도까지 억제해야 할 것이다.

따라서 함유시험 시료는 적어도 10~20배로 희석해 측정해야 한다.

표 5.6 토양 표준시료의 정성·반정량 분석결과

원소	m/z	반정량값[mg/L]	원소	m/z	반정량값[mg/L]	원소	m/z	반정량값[mg/L]
Li	7	0.011	Se	82	ND	Sm	147	0.024
Be	9	0.13	Br	79	0.96	Eu	153	0.0070
B	11	0.35	Rb	85	0.041	Gd	157	0.035
Na	23	280	Sr	88	0.27	Tb	159	0.0042
Mg	24	17	Y	89	0.095	Dy	163	0.015
Al	27	110	Zr	90	0.014	Ho	165	0.0045
Si	29	17	Nb	93	0.0006	Er	166	0.0009
P	31	26	Mo	95	ND	Tm	169	0.0009
S	34	650	Ru	101	ND	Yb	172	0.0050
Cl	35	41 000	Rh	103	ND	Lu	175	0.0007
K	39	15	Pd	105	0.0041	Hf	178	0.0023
Ca	43	25	Ag	107	0.0012	Ta	181	ND
Ti	47	0.46	Cd	111	0.073	W	182	ND
V	51	0.21	In	115	0.0013	Re	185	ND
Cr	53	0.29	Sn	118	0.0076	Os	189	ND
Mn	55	5.0	Sb	121	0.0014	Ir	193	ND
Fe	57	54	Te	125	ND	Pt	195	ND
Co	59	0.040	I	127	0.12	Au	197	ND
Ni	60	0.074	Cs	133	0.0038	Hg	202	ND
Cu	63	0.18	B	137	0.55	Tl	205	0.0042
Zn	66	0.28	La	139	0.23	Pb	208	0.38
Ga	69	0.031	Ce	140	0.56	Bi	209	0.0040
Ge	72	0.027	Pr	141	0.042	Th	232	0.0035
As	75	0.082	Nd	146	0.15	U	238	0.010

적절한 희석배율을 모르는 경우 ICP 질량 분석장치에 있는 정성·반정량 분석 모드를 사용하면 편리하다. 정성·반정량 분석 모드에서는 시료 내 각 원소의 개략적인 농도를 알 수 있으므로 이 데이터를 바탕으로 주성분의 총량을 추측해 희석배율을 결정하면 된다.

표 5.6에 토양 표준시료의 정성·반정량 분석결과의 일례를 나타낸다.

❖ 2. 장치조건의 최적화

ICP 질량 분석장치의 조건(플라즈마 온도, 정량방법, 샘플 도입계의 종류 등)을 최적화함으로써 주성분 농도가 비교적 높은 시료에서도 정밀하게 측정하는 것이 가능하다.

여기에서는 ICP 질량 분석장치의 측정조건 최적화에 대해 설명한다.

CHAPTER 5

[1] 플라즈마 조건 및 샘플링 위치

플라즈마 조건은 일반적으로 고주파 출력, 캐리어 가스 유량, 메이크업 가스(챔버 가스) 유량, 샘플 도입속도에 의해 결정된다. 고주파 출력이 높을수록, 캐리어 가스 유량 및 메이크업 가스 유량이 적을수록, 샘플 도입속도가 느릴수록 플라즈마 온도는 상승한다.

주성분 농도가 높은 시료를 도입할 경우에는 가능한 한 플라즈마 온도를 상승시켜 사용해야 한다. 플라즈마 온도를 상승시키면 다음과 같은 효과를 기대할 수 있다.

① 플라즈마 도입 주성분의 영향으로 목적원소의 이온화가 억제되는 것을 막는다.
② 주성분 산화물 등 간섭이온의 생성을 억제한다.
③ 샘플링콘·스키머콘에 주성분의 부착을 억제한다.

또, 샘플링 위치를 분리함으로써 플라즈마 내의 시료가 확산해 샘플링콘으로부터의 시료 도입량을 억제할 수 있다. 결과적으로 샘플링콘·스키머콘의 막힘이나 공간 전하 효과[8](스키머콘을 통과한 주성분 이온의 전하에 의해 목적성분의 이온이 배제된다)를 억제할 수 있다.

플라즈마 온도를 상승시키거나 샘플링 위치를 분리함으로써 주성분에 대한 견고성이 증가해 목적원소의 정량 정밀도가 개선된다. 정량 정밀도의 기준으로는 첨가 회수시험(시료에 농도를 알고 있는 목적원소를 첨가해 무첨가 시료와 첨가 시료 양쪽 모두를 정량해 정량값의 차이가 첨가 농도와 동일해졌는지를 조사한다)을 실시하면 된다.

그림 5.18에 메이크업 가스 유량에 대한 감도와 회수율의 관계를 나타낸다. 여기에서는 10배 희석한 해수에 농도의 표준을 첨가해 회수율을 구했다. 이 그림으로부터 알 수 있듯이 감도가 최상 상태에서 회수율이 반드시 양호한 것은 아니다. 회수율을 100%로 하기 위해서는 최고 감도를 얻을 수 있는 조건보다 메이크업 가스를 줄일 필요가 있다. 따라서 주성분에 대한 견고성과 목적성분 감도의 균형에 의해 조건을 결정하는 것이 바람직하다.

플라즈마 온도의 기준으로서 산화물을 생성하기 쉬운 Ce 등의 원소 산화물 생성비(CeO^+/Ce^+)를 모니터하면 된다. 플라즈마 온도가 높을수록 산화물 생성비는 낮아진다. 장치에 따라 다르지만 토양시료를 측정하는 경우 Ce 산화물 생성비가 3% 이내가 되도록 플라즈마 조건을 설정해야 한다.

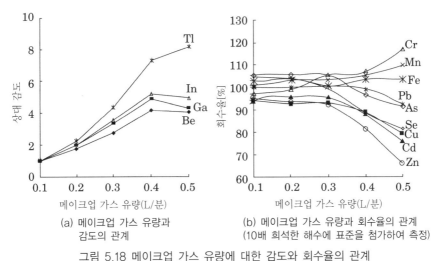

(a) 메이크업 가스 유량과
감도의 관계

(b) 메이크업 가스 유량과 회수율의 관계
(10배 희석한 해수에 표준을 첨가하여 측정)

그림 5.18 메이크업 가스 유량에 대한 감도와 회수율의 관계

[2] 내부표준법

토양시료와 같이 주성분 농도가 높은 시료를 도입했을 경우 목적성분의 감도가 일시적으로 변화(매트릭스 감도 상실)하거나 목적성분의 감도가 경시 변화(드리프트)하는 경우가 있다. 이것들을 보정하기 위해서 내부표준법이나 표준첨가법이 이용된다. 내부표준법을 이용하는 경우 내부표준원소로는 다음과 같은 것들이 적합하다.

① 시료에 포함되지 않든가 혹은 포함되어 있어도 무시할 수 있는 수준의 원소

② 측정원소와 유사한 성질(질량수·이온화 포텐셜·비점·동족 등)의 원소

③ 측정 질량수에 다원자 이온의 방해가 없는 원소

내부표준원소를 결정할 때 미리 시료를 정성·반정량 분석해 상기의 조건을 만족하는지 확인하면 된다.

일반적으로는 Li, Be, Ga, Ge, Y, Rh, In, Tl, Bi 등이 내부표준으로서 이용되고 있으며, 측정원소와 질량수에 가까운 내부표준원소로 보정을 실시하면 효과적이다. 또한, Sc는 시료 내의 Si에 의해 SiO, SiOH 등의 간섭을 받으므로 내부표준원소로서 이용하지 않는 편이 무난하다.

내부표준의 농도는 ICP 질량 분석장치로 측정하기 쉬운 10~50ppb 정도로 하면 좋다. 또, 다원소 이온의 간섭이나 오염 때문에 내부표준의 질량수에 신호가 확인되는 경우, 그 신호를 무시할 수 있는 정도로 내부표준의 농도를 높이면 사용 가능하다.

다만 그 경우는 내부표준의 농도가 높아지기 때문에 내부표준원소 자체에 의해 생성되는 다원소 이온이나 내부표준의 원액에 포함되어 있는 불순물 등에 주의한다.

검량선용 표준액 중 내부표준의 카운트에 대해 시료 내 표준 카운트가 50% 이하가

되었을 경우 매트릭스 감도 상실이 현저해 정확하게 보정되지 않을 우려가 있다. 그 경우에는 시료 희석, 검량선 다시 긋기, 표준첨가법의 사용 등 필요에 따라 조작을 실시할 필요가 있다. 현재는 정밀도 관리 소프트웨어 등을 갖춘 장치도 있으므로 측정 중 내부표준의 카운트 변화(트렌드)를 항상 모니터해 두면 좋을 것이다. 주성분 농도가 높고 내부표준법으로는 정량 정밀도를 유지할 수 없는 경우에는 표준첨가법을 이용한다.

표준첨가법에서는 시료에 직접 표준을 첨가하므로 시료 내에서의 원소 감도(기울기) 그 자체로 검량선을 그을 수 있어 내부표준법보다 확도가 높은 정량값을 얻을 수 있다. 그러나 시료가 다수 있는 경우 각각의 시료에 개별적으로 표준을 첨가하지 않으면 안 되므로 시료를 희석해 내부표준법으로 측정할 수 있는 범위에서 측정을 실시하는 편이 좋다.

[3] 다원자 이온 간섭의 제거

토양시료에는 Al, Ca, Fe, Si 등이 포함되기 때문에 이러한 산화물이나 2량체 등이 생성될 가능성이 있다. 또 함유시험 시료는 1mol/L 염산을 이용해 추출하기 때문에 ClO, ArCl 등의 다원자 이온이 나타난다. 측정조건을 결정할 때는 이러한 간섭을 최소한으로 하는 조건을 선택할 필요가 있다.

표 5.7에 측정조건의 일례를 나타낸다. 1mol/L 염산 내의 As 측정은 ArCl의 간섭을 받을 가능성이 있기 때문에 가장 주의해야 한다. 그러나 최근에는 반응·충돌가스를 이용해 다원자 이온을 억제하는 장치도 많아 조건을 최적화하면 간섭의 영향을 최소한으로 억제할 수 있다.

[4] 샘플 노입계의 종류

토양 등의 높은 매트릭스 시료에 적절한 샘플 도입계(네블라이저, 스프레이 챔버, 토치 등)가 판매되고 있으므로 적절한 도입계를 선택한다. 시료의 도입량이 20mL/분으로 적은 미소량 네블라이저 등을 사용하면 플라즈마 온도가 상승하고 샘플링콘·스키머콘의 막힘 등도 억제할 수 있다. 또, 샘플링콘·스키머콘의 재질을 Ni 등의 열전도성이 낮은 것으로 하면 콘 선단부의 온도가 올라 잘 막히지 않는 것으로 판단된다.

❖ 3. 실시료의 분석

표 5.8에 토양의 표준물질을 환경성 고시 제19호(함유시험)에 따라 처리·분석한 결과를 나타낸다. 시료로서 (사)일본분석화학회 토양 표준물질 JSAC 0401(갈색 삼림토) 및 JSAC 0411(화산재 토양)을 이용했다.

표 5.7 측정조건의 일례

질량수	원소	리액션/콜리전 가스	내부표준(질량수)	적분시간(초)
11	B	수소	Be (9)	1
27	Al	수소	Be (9)	1
52	Cr	헬륨	Ga (71)	1
55	Mn	수소	Ga (71)	0.3
56	Fe	수소	Ga (71)	0.3
60	Ni	헬륨	Ga (71)	3
63	Cu	헬륨	Ga (71)	1
66	Zn	헬륨	Ga (71)	1
75	As	헬륨	Ga (71)	3
78	Se	수소	Ga (71)	3
111	Cd	수소	In (115)	3
121	Sb	수소	In (115)	1
208	Pb	수소	TI (205)	1
238	U	수소	TI (205)	3

모두 충분히 입자지름이 가늘기 때문에 분쇄는 실시하지 않았다. 시료를 6g 칭량해 1mol/L 염산(정밀 분석용을 희석해 조제) 200mL와 함께 뚜껑 달린 500mL 폴리에틸렌 용기에 넣었다. 용기를 레시프로식 진탕 배양기에 세트해 진탕 폭 4~5cm, 진탕 횟수 200회/분에 2시간 진탕했다. 진탕 후 시료액을 20분 놔둔 후 직경 0.45μm의 멤브레인 필터로 여과했다.

얻어진 시료액은 초순수로 10배에 희석해 ICP 질량 분석계로 측정하고, 측정에는 내부표준법을 이용했다. 측정조건은 표 5.7과 같다. 또한, 검량선용 표준액은 0.1mol/L 염산으로 조제해 염산 농도를 맞추었다.

표 5.8에서도 알수 있듯이 함유되어 있는 중금속의 모든 것이 염산에 의해 추출되는 것은 아니다. Pb, Cd 등은 50% 이상이 추출되고 있지만, As, Se 등의 추출률은 10~20%로 낮아졌다. 또한, Hg, B는 기억하기 쉽기 때문에 필요 이상으로 농도가 높은 표준액은 도입하지 않고 시료 측정 후의 세정시간을 충분히 취하는 등의 주의가 필요하다.

❖ 4. 향후 예측

종래, ICP 질량 분석장치는 높은 매트릭스 시료에는 적용할 수 없다고 여겨 왔지만

CHAPTER 5

5.8 토양 표준물질의 측정 결과

JSAC 0401					JSAC 0411				
원소	m/z	정량값 [mg/kg]	인정값 [mg/kg]	회수율 [%]	원소	m/z	정량값 [mg/kg]	인정값 [mg/kg]	회수율 [%]
Cr	52	2.2	50.4	4.3	Cr	52	1.4	23.5	6.1
Ni	60	2.9	18.9	15	Ni	60	2.7	11	25
Cu	63	3.9	15.3	25	Cu	63	6.1	26.7	23
As	75	1.3	10.6	12	As	75	1.4	11.3	12
Se	78	0.04	0.27	15	Se	78	0.2	1.32	15
Cd	111	3.9	4.25	92	Cd	111	0.19	0.274	69
Pb	208	14.3	26	55	Pb	208	13	18.9	70

최근의 눈부신 기술발전에 힘입어 높은 매트릭스에 대해서 터프한 장치도 팔리기 시작하고 있다. 토양 함유 시료 등을 희석하지 않고 측정하는 것도 머지않은 일인 것 같다.

참고문헌

1) 河口広司，中原武利：「プラズマイオン源質量分析」，学研出版センター，1994
2) JIS K 0133：2007「高周波プラズマ質量分析通則」
3) 久保田正明監修訳：「誘導結合プラズマ質量分析法」，化学工業日報社，2000
4) 野々瀬菜穂子：「ICP‐MS におけるスペクトル干渉の生成機構とその除去技術」，ぶんせき，p. 315，2003
5) 川端克彦：「コリジョンリアクションセル ICP‐MS」，ぶんせき，p. 443，2006
6) 分析信頼性実務者レベル講習会　土壌分析技術セミナーテキスト，p. 30 ～ 35，(社) 日本分析化学会，2006
7) 分析信頼性実務者レベル講習会　土壌分析技術セミナーテキスト，p. 47，(社) 日本分析化学会，2006
8) 原口紘炁，寺前紀夫，古田直紀，猿渡英之：「微量元素分析の実際」，p.194，丸善，1995

CHAPTER 5

6장

분석값의 신뢰성

6-1 ◆신뢰성에 관한 용어

「화학분석 방법 통칙(JIS K 0050 : 2005)」에서는 화학분석의 신뢰성을 위해서 진실도 또는 정확도, 정밀도, 반복 정밀도, 재현 정밀도, 정확도 등을 필요에 따라서 구하도록 하고 있다. 또, 화학분석을 실시할 때는 검출하한, 정량하한, 직선성, 범위, 견고성, 불확실도 등의 용어도 중요하다.

또한, 일본공업규격(JIS)에서는 분야별로 신뢰성에 관한 용어가 정의되어 있지만, 통일되지 않아 다소 차이가 있다. 여기에서는 충실도 또는 정밀도, 정확도는 「측정방법 및 측정결과의 정확도(제1부) (JIS Z 8402-1 : 1999)」의 개념을 기본으로 하여 용어를 설명한다.

❖ 1. 진도 또는 진실도

진도(trueness)는 다수 측정결과의 평균값과 참값 또는 참조값과 일치하는 정도를 나타낸다. 이것은 편차로서 나타낼 수 있다. 본래 참값은 개념일 뿐 현실적으로는 알 수 없다.

특별한 경우로서 상호결정에 의해 표준물질의 채택값(농도)을 참값으로서 이용하는 경우가 있다.

❖ 2. 정밀도

정밀도(precision)는 정해진 조건에서 반복한 독립 측정결과의 일치 정도를 나타낸 것으로, 측정값의 편차 정도를 의미한다. 편차의 징도를 나타내는 통계량으로서 측정값의 표준편차(상대표준편차, 상대표준편차율 등)를 이용할 수 있다. 표준편차가 크면 정밀도가 낮다고 할 수 있다.

또한, 정밀도는 반복 정밀도(병행 정밀도)와 재현 정밀도로 나눌 수 있다.

- 반복 정밀도 : 동일하다고 간주할 수 있는 측정시료에 대해 같은 방법을 이용해 같은 시험실에서 같은 시험자가 같은 장치를 이용해 단시간에 측정한 결과의 편차 (repeatability).
- (실간) 재현 정밀도 : 동일하다고 간주할 수 있는 측정시료에 대해 같은 방법을 이용해 다른 시험실에서 다른 시험자가 다른 장치를 이용해 측정한 결과의 편차 (reproducibility).

와 같이 설명된다.

❖ 3. 정확도

정확도(accuracy)는 각각의 측정결과와 채택된 참조값의 일치 정도이다. 즉, 진실도(또는 정확도, 편차)와 정밀도의 성분을 포함하게 된다. 통상 신뢰성이 높다고 하는 경우에는 이 정확도가 우수하다는 뜻이기도 하다. 정확도의 정도는 후술하는 불확실도로 정량화되게 된다.

❖ 4. 정량하한

정량하한(minimum limit of determination)은 시료에 포함되는 물질의 정량이 가능한 한 최소의 농도 또는 최소량을 나타낸다. 정량하한은 검량선 표준액을 반복 측정한 실험 표준편차의 10배[1]에 상당하는 농도 등으로 계산된다.

정량하한=10×(기기 출력값의 표준편차) / (검량선의 기울기)

❖ 5. 검출하한

검출하한(limit of detection, detection limit)은 시료에 포함되는 물질의 검출이 가능한 한 최소의 농도 또는 최소량을 나타낸다. 검출한계라고도 한다. 검출하한은 검량선 표준액을 반복 측정한 실험 표준편차의 3배[2]에 상당하는 농도 등으로 계산된다.

검출하한=3×(기기 출력값의 표준편차) / (검량선의 기울기)

❖ 6. 직선성

직선성(linearity)은 시료에 포함되는 물질의 농도(경우에 따라서는 양)와 기기 등에서 출력된 값이 직선관계에 있는지 여부를 나타낸다. 화학분석의 경우 표준물질 농도와 기기 출력값의 관계를 검량선이라고 부른다. 일반적으로는 검량선이 직선범위에 있는 농도로 측정을 한다.

직선성의 지표로는 상관계수 등이 있다(3절 참조).

---

[1] 신뢰구간의 폭에 따라 다르지만 10 부근의 값을 이용하는 경우가 많다.
[2] 신뢰구간의 폭에 따라 다르지만 3 부근의 값을 이용하는 경우가 많다.

❖ 7. 범위

범위(range)는 측정할 수 있는 최대와 최소의 농도 범위를 나타낸다.

❖ 8. 견고성

견고성(robustness)은 분석조건이 변화했을 때에 측정결과가 영향을 받지 않는 성능을 나타낸다.

❖ 9. 불확실도

불확실도(uncertainty)는 측정결과의 신뢰성을 나타내는 지표로 이용된다. 표준편차 등으로 나타낼 수 있다. 측정값과 불확실의 범위 내에 참값이 있을 것이라는 생각에서 종래의 오차를 대신해 새롭게 도입된 개념(4절 참조)이다.

6-2 ❖ 유효숫자와 수치의 반올림

유효숫자(significant figures)란 측정결과 등을 나타내는 숫자 중에서 자릿수 지정만 나타내는 제로를 제외한 의미가 있는 숫자를 말한다.

예를 들면 100mL의 메스실린더(최소 눈금은 1mL)와 50mL의 적정(滴定)용 뷰렛(최소 눈금은 0.1mL)으로 15mL의 물을 비커에 담는다고 하자. 여기서 메스실린더로 더한 물의 양을 115.0mL와 같이 표현할 수 있을까.

소수점 이하 1자릿수의 값은 상당히 믿기 어렵다는 것을 쉽게 상상할 수 있다. 한편 뷰렛에서는 15.0mL±0.1mL의 정확도로 물을 첨가하는 것은 가능하다. 이 때문에 15.0mL를 첨가한다고 해도 문제는 없다.

따라서 메스실린더의 경우에는 15mL, 뷰렛의 경우에는 15.0mL와 같이 표현하고, 메스실린더의 경우에는 유효숫자 2자릿수, 뷰렛의 경우에는 유효숫자 3자릿수로 표시할 수 있게 된다.

유효숫자 몇 자릿수로 나타낸다고 하는 경우, 일반적으로는 수치의 왼쪽(큰 수치)으로부터 (유효숫자 자릿수＋1) 자릿수를 반올림하게 된다. 예를 들면, 1.679라는 숫자를 유효숫자 3자릿수로 나타내면 1.68, 유효숫자 2자릿수인 경우에는 1.7과 같이 된다.

또, 유효숫자를 생각하는 경우 0을 어떻게 다룰 것인지가 중요하다. 이하에 구체적인 예(길이 : 미터)를 나타낸다.

(1) 1,234m   (2) 0.1234m   (3) 0.01234m   (4) 1.002m

(5) 0.1200m (6) 1.200m (7) 1,000m

(1)의 유효숫자는 4자릿수가 된다. (2)도 유효숫자 4자릿수가 된다.

0은 소수점의 자릿수 지정을 나타내는 0이며 유효숫자에는 포함되지 않는다.

(3)은 0.0 부분의 0도, 소수점 이하 1자릿수의 0도 자릿수 지정을 나타내는 0이므로 유효숫자 5자릿수가 아니라 유효숫자 4자릿수이다.

(4)의 1과 2 사이의 0은 자릿수 지정은 아니고 유효숫자 4자릿수가 된다.

(5)의 소수점 이하 3자릿수와 4자릿수의 0은 자릿수 지정을 나타내는 것은 아니고 그 자릿수는 0인 것을 나타내고 있으므로 유효숫자는 4자릿수가 된다.

(6)도 마찬가지이다. (7)은 반드시 특정할 수 없다. 즉 100의 자리, 10의 자리, 1의 자리가 0인가 자릿수 지정인가 판별할 수 없다. 이것을 유효숫자 4자릿수로 하고 싶은 경우에는 1.000×10^3m와 같이 표현해야 하는 것이다.

당연히 2자릿수라면 1.0×10^3m로 하면 명확하게 할 수 있다.

또한 이러한 수치의 반올림에 대해서는 JIS Z 8401에서 반올림 룰을 결정되어 있어 화학분석을 실시하는 경우에는 JIS Z 8401의 내용을 파악해 둘 필요가 있다. JIS Z 8401의 내용은 기본적으로는 사사오입이지만 사사오입과 다소 다른 부분이 있어 이하와 같이 취급하게 된다.

ABCDE라고 하는 수치가 있을 때 C를 대상으로 하여 AB까지의 수치가 어떻게 처리될지를 생각해 본다.

(1) C가 6 이상이면 올린다.

(2) C가 4 이하이면 버린다.

(3) C가 5인 경우에는 다음과 같이 처리한다.

    ① D 또는 E에 0 이외의 수치가 있는 경우에는 올린다.

    ② D 및 E가 0이며, 또한 B가 0, 2, 4, 6, 8이면 버린다.

    ③ D 및 E가 0이며, 또한 B가 1, 3, 5, 7, 9이면 올린다.

그러면 구체적인 수치를 이용해 반올림을 해보자.

    1.2645를 유효숫자 2자릿수로 반올림한다. ⇒ 1.3   (1)에 의한다.

    1.2345를 유효숫자 2자릿수로 반올림한다. ⇒ 1.2   (2)에 의한다.

    1.2501을 유효숫자 2자릿수로 반올림한다. ⇒ 1.3   (3) ①에 의한다.

    1.2500을 유효숫자 2자릿수로 반올림한다. ⇒ 1.2   (3) ②에 의한다.

    1.3500을 유효숫자 2자릿수로 반올림한다. ⇒ 1.4   (3) ③에 의한다.

'유효숫자 ○자릿수로 반올림한다'와 '소수점 이하 ○자릿수로 반올림한다'를 혼동해서는 안 된다. 1.2345를 '유효숫자 2자릿수로 반올림한다'에서는 1.2가 되지만, '소수점 이하 2자릿수로 반올림한다'에서는 1.23이 된다.

또, 반올림은 통상 1단계에서 실시한다. 따라서 예를 들면 1.2451을 1.25한 후, 1.3으로는 해서는 안 된다.

아울러 현재의 JIS Z 8401의 표현은 다소 이해하기 어렵지만, 기본적인 내용은 (1), (2), (3)의 내용과 같다(일부 전자계산기에 의한 처리를 고려해 (3)의 내용이 통상의 사사오입이 된 부분도 있지만, 통상의 측정에서는 전술한 규칙에 따르면 된다).

기기 분석계 중에는 많은 자릿수를 표시하는 것이 있지만, 통상의 원자흡광 분석장치, 유도결합 플라즈마(ICP) 발광분광 분석장치, 유도결합 플라즈마(ICP) 질량 분석장치, 가스 크로마토그래프, 고속 액체 크로마토그래프 등에서 얻어진 결과를 나타내는 경우에는 2자릿수, 특별한 조건이 갖추어졌을 경우에도 3자릿수 정도이다.

또, 검량선 표준액 조제에 이용한 원액의 불확실도 등을 고려하면 현재의 JCSS[†1]의 표준액에서도 4자릿수가 최대이므로 이러한 표준액을 이용해 측정했을 경우에는 아무리 완벽한 측정을 실시했을 경우에도 유효숫자는 4자릿수가 최대가 된다.

여기까지는 메스실린더나 뷰렛 읽기값의 유효숫자 및 원자흡광 분석장치나 ICP 발광분광 분석장치 등 기기분석계 표시값의 유효숫자에 대해 설명해 왔다. 일반적으로 화학분석에 국한하지 않고 계측기에 의한 측정에 대해서는 읽기값 혹은 표시값이 제시되며, 그러한 수치를 사칙연산해서 분석값을 산출하는 경우가 많다. 이 경우 유효숫자의 반올림에 대해서도 충분히 이해해 두는 편이 좋다.

예를 들면, 1.23g의 시료와 5.734g의 시료를 혼합했을 때의 전체 질량을 어떻게 표시하면 좋을까?

전자는 유효숫자 3자릿수이며, 후자는 유효숫자 4자릿수이다. 이러한 경우 **소수점을 맞춰 소수점 이하의 자릿수가 최소인 자릿수의 숫자에 자릿수를 맞춰 표시**한다. 즉, 소수점 이하의 최소 자릿수가 2자릿수이므로 소수점 이하 2자릿수에 수치를 맞추기 때문에 두 시료의 합계 질량은 6.96g이 된다.

[†1] 계량법 표준 공급 제도에 의한 표준 공급체계. 표준물질의 경우에는 국가표준에 트레이서블한 표준액, 표준가스가 등록 사업자로부터 JCSS(Japan Calibration Service System) 로고 마크 첨부 증명서와 함께 공급되고 있다. 재단법인 화학물질평가연구기구가 지정 교정기관으로서 계량법상의 국가표준으로서의 특정 표준물질의 제조·유지 관리와 등록 사업자가 가지는 특정 2차 표준물질에 대한 교정을 실시하고 있다. JCSS의 로고 마크 첨부 증명서는 사용하는 표준물질이 국가 표준에 트레이서블한 게임을 증명하고 있다.

이러한 반올림 방법은 덧셈이나 뺄셈을 실시할 때 적용한다. 또한, 뺄셈의 경우 자릿수가 줄어드는 경우도 있다. 이것을 자릿수가 줄어든다고도 말한다. 42.0g의 용기에 시료를 넣어 질량을 측정했을 때에 43.5g이었다.

이때의 시료 질량은 1.5g이 된다. 용기 및 시료를 넣은 용기의 질량은 유효숫자 3자릿수로 표시되고 있지만, 감산 후 시료 질량의 유효숫자는 2자릿수로 줄어들었다. 또, 10의 정수배를 나타내는 접두어가 다른 단위로 나타난 수치의 덧셈을 실시할 때는 단위를 통일해 나타내고 덧셈·뺄셈을 실시한다. 예를 들면 1.545g에 55mg을 더했을 때의 수치는 1.600g이라고 표시한다.

한편 검량선의 기울기나 농도 등을 계산할 경우에는 곱셈이나 나눗셈을 실시한다. 이때의 반올림은 결론적으로 **유효숫자의 자릿수가 최소인 자릿수 수치의 자릿수에 맞춰 표시한다.** 예를 들면 4.23과 0.38의 곱은 수학적으로는 1.6074가 된다. 4.23의 유효숫자의 자릿수는 3자릿수이고, 0.38의 유효숫자의 자릿수는 2자릿수이므로 두 숫자의 곱의 유효숫자 자릿수는 2자릿수가 된다.

그러므로 유효숫자를 생각한 두 숫자의 곱은 1.6이 된다. 나눗셈을 예로 들면 4.56을 13.5742로 나누었을 때의 나눗셈은 유효숫자의 자릿수가 3자릿수인 것으로부터 0.336(수학적으로는 0.3359314…이다)이 된다.

이상과 같이 덧셈·뺄셈과 곱셈·나눗셈에서는 수치의 반올림이 달라진다. 또 일련의 계산이 있을 때는 그때마다 수치를 반올림하는 것이 아니라, 마지막 계산이 종료한 시점에서 전술한 수치의 반올림을 1회만 실시한다. 만약, 도중의 수치를 표시해야 할 때에는 최종 자릿수부터는 2자릿수 넉넉하게 표시하면 그 값을 이용해 그 후의 계산을 하고 마지막으로 수치를 반올림해서 표시하면 된다. 그러므로 최종 결과는 계산기에 표시된 자릿수의 수치를 그대로 보고하는 것이 아니라 각 수치의 유효숫자를 생각해 나타내야 하는 것이다.

6-3 ◆ 검량선

최근의 화학분석에서는 기기분석법이 주류가 되고 있어, 화학분석이라고 하면 기기분석을 가리킨다고 해도 과언이 아니다. 이러한 기기분석에서는 얻어진 결과가 직접 농도를 나타내는 것은 아니다.

얻어진 결과는 장치 내에서 어떠한 현상에 근거해 출력되는 전류값이나 전압값이며 측정의 목적인 물질의 농도를 알기 위해서는 표준물질과 출력값의 관계를 분명히 하지 않으면 안 된다.

CHAPTER 6

화학분석의 경우, 이 관계선을 일반적으로 검량선이라고 부른다. 즉, 화학분석에서는 기기 출력과 표준물질 농도의 관계 파악이 가장 중요한 요소 중 하나가 된다.

일반 기기분석법에서는 희석 조제한 복수의 검량선용 표준액을 이용해 검량선을 구하고(교정), 그것을 사용해 실제 시료의 정량분석(예측)을 실시한다. 검량선은 많은 경우 농도(가로축)와 기기 출력(세로축)이 직선관계(1차식)로 나타내진다. 그것을 가장 단순한 최소제곱법, 즉 가로축은 오차가 없는 확정량, 세로축은 동일 정밀도의 확률량이라고 간주하고 계산하는 것이 보통이다.

이러한 검량선은 스프레드시트 소프트웨어 등을 이용하면 쉽게 그래프화해, $y = bx + a$ 등의 식을 결정해 준다. 그러나 어떠한 구조로 그래프화해, $y = bx + a$의 계수로서 b, a를 결정하고 검량선을 작성하는 것일까?

여기에는 최소제곱법이라고 하는 개념이 이용되고 있다. 즉, 농도(가로축)와 기기 출력값(세로축)의 관계를 몇 점으로 플롯하면 일반적으로는 농도가 높아지면 기기 출력값도 커지는 관계가 보인다.

여기서 플롯점 사이에 선을 긋는다고 가정한다. 그리고 그 선과 플롯점의 세로축에서의 거리(길이)를 잰다. 각 플롯점과 선까지의 거리를 제곱해 합계한다. 다음에 같은 그래프상에 별도의 선을 긋고 플롯점과의 거리를 측정해 똑같이 합계를 계산한다. 이렇게 몇 개의 선을 그어 선과 플롯점의 거리의 제곱합이 가장 작아지는 선을 찾아내는 작업을 실시한다.

이것이 최소제곱법의 개념이다. 그러나 스프레드시트 소프트웨어는 이 작업을 순식간에 처리한다.

이것은 각 플롯점에 대해 $y = bx + a$ 식으로부터 b, a에 대한 방정식의 해를 구하는 작업을 실시하게 된다.

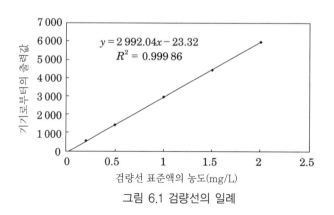

$$y = 2\,992.04x - 23.32$$
$$R^2 = 0.999\,86$$

그림 6.1 검량선의 일례

구체적인 계산방법의 일례를 나타낸다[1].

주어진 m개의 측정값의 쌍$(x_i, y_i(= 1, 2,\cdots, m)$에 최소제곱법에 따라 직선을 대입한다. 이 때 직선의 방정식은

$$y = bx + a \tag{1}$$

이며 b는 기울기, a는 y축 절편이다. 우선, 데이터쌍의 수(m)만큼의 관측방정식이 성립한다.

$$관측방정식 \begin{pmatrix} y_1 \\ y_2 \\ \vdots \\ y_m \end{pmatrix} = \begin{pmatrix} x_1 & 1 \\ x_2 & 1 \\ \vdots & \vdots \\ x_m & 1 \end{pmatrix} \begin{pmatrix} b \\ a \end{pmatrix} \tag{2}$$

2개의 계수 b, a를 구하는 데 필요한 방정식은 최저 2이며, $m > 2$일 때 최소제곱법을 적용하면 2원 연립방정식을 얻을 수 있다.

이렇게 하면 다음의 잔차 제곱화를 최소로 하는 해를 구함으로써 b와 a를 결정할 수 있다(이 개념에서 잔차는 정규분포한다는 전제가 있다).

$$S = \sum_{i=1}^{m} \{y_i - (bx_i + a)\}^2 \tag{3}$$

S를 최소로 하는 b와 a는 식(4), (5)로부터 유도할 수 있다.

$$\begin{aligned}
\frac{\partial S}{\partial b} &= 2\sum_{i=1}^{m}(-x_i)\{y_i - (bx_i + a)\} \\
&= -2\sum_{i=1}^{m}\{x_i y_i - (bx_i^2 + ax_i)\} \\
&= -2\left\{\sum_{i=1}^{m} x_i y_i - b\sum_{i=1}^{m} x_i^2 - a\sum_{i=1}^{m} x_i\right\} \\
&= 0
\end{aligned} \tag{4}$$

$$\begin{aligned}
\frac{\partial S}{\partial a} &= 2\sum_{i=1}^{m}(-1)\{y_i - (bx_i + a)\} \\
&= -2\sum_{i=1}^{m}\{y_i - bx_i - a\}
\end{aligned}$$

$$= -2 \left\{ \sum_{i=1}^{m} y_i - b \sum_{i=1}^{m} x_i - ma \right\}$$

$$= 0 \tag{5}$$

식(4), (5)를 전개하면 식(6)이 된다. 정규방정식이라 불리는 것이다.

$$\left. \begin{array}{l} \displaystyle\sum_{i=1}^{m} x_i y_i = b \sum_{i=1}^{m} x_i^2 + a \sum_{i=1}^{m} x_i \\[2mm] \displaystyle\sum_{i=1}^{m} y_i = b \sum_{i=1}^{m} x_i + ma \end{array} \right\} \tag{6}$$

여기서, 몇 개의 통계량을 다음과 같은 기호 및 정의식으로 나타내기로 한다.

$$x_i 의 \ 분산 \ s_x^2 = \sum \left(x_i - \bar{x} \right)^2 / m = \left(\sum x_i^2 - m \bar{x}^2 \right) / m \tag{7}$$

$$y_i 의 \ 분산 \ s_y^2 = \sum \left(y_i - \bar{y} \right)^2 / m = \left(\sum y_i^2 - m \bar{y}^2 \right) / m \tag{8}$$

$$x_i y_i \ 의 \ 공분산 \ s_{xy} = \sum \left(x_i - \bar{x} \right) \left(y_i - \bar{y} \right) / m = \left(\sum x_i y_i - m \bar{x} \bar{y} \right) / m \tag{9}$$

여기서, $\bar{x}$, $\bar{y}$는 평균값을 나타내고 있다.

기울기 b와 y축 절편값 a는 식(6)의 연립방정식을 풀면 식(10), (11)과 같이 나타낼 수 있다.

$$b = \frac{m \sum x_i y_i - \sum x_i \sum y_i}{m \sum x_i^2 - \left(\sum x_i \right)^2} = \frac{\sum x_i y_i - m \bar{x} \bar{y}}{\sum x_i^2 - m \bar{x}^2} = \frac{s_{xy}}{s_x^2} \tag{10}$$

$$a = \frac{\sum y_i \sum x_i^2 - \sum x_i \sum x_i y_i}{m \sum x_i^2 - \left(\sum x_i \right)^2} = \frac{\bar{y} \sum x_i^2 - \bar{x} \sum x_i y_i}{\sum x_i^2 - m \bar{x}^2} \tag{11}$$

$$= \bar{y} - b \bar{x}$$

이렇게 해서 기울기 b와 y축 절편값 a가 구해져 직선의 방정식이 확정된다. 직선 검량선을 구하는 경우 그 직선성을 상관계수[1]로서 나타내는 경우가 있는데, 그 경우의

---

[1] 직선성의 지표로서 상관계수 r을 이용할 수가 있지만, 2차 이상의 관계를 나타내는 경우에는 상관계수라고 하는 용어를 이용할 수 없다. 결정계수 R^2(혹은 기여율)의 제곱근 등의 용어를 이용할 필요가 있다[2]. 1차식을 적용시킨다면 결정계수 R^2은 r의 제곱과 같다. 즉, 결정계수 R^2은 1차식을 적용시키는 데 머무르지 않고, 2차, 3차 등의 고차에 적용시켜 이용할 수 있다.

상관계수 r은 식(12)과 같이 된다.

$$r = \frac{s_{xy}}{\sqrt{s_x{}^2} \ \sqrt{x_y{}^2}} \tag{12}$$

계산 예 : ICP 발광분광 분석장치에 의한 표 6.1의 검량선 데이터를 이용해 직선의 검량선 식을 구해 본다. 검량선 데이터를 기초로 하여 다음과 같이 계산한다.

표 6.1 검량선 데이터

검량선 표준액 농도 [mg/L]	x	0.2	0.5	1.0	1.5	2.0
발광강도	y	601	1,450	2,971	4,435	5,985

$$\bar{x} = \frac{0.2 + 0.5 + 1.0 + 1.5 + 2.0}{5} = 1.040$$

$$\bar{y} = \frac{601 + 1\,450 + 2\,971 + 4\,435 + 5\,985}{5} = 3\,088.400$$

$$m = 5$$

$$s_x{}^2 = \frac{\sum \left(x_i - \bar{x} \right)^2}{m} = \frac{\left(\sum x_i{}^2 - m\,\bar{x}^2 \right)}{m} = 0.426\,4$$

$$s_y{}^2 = \frac{\sum \left(y_i - \bar{y} \right)^2}{m} = \frac{\left(\sum y_i{}^2 - m\,\bar{y}^2 \right)}{m} = 3\,817\,783.840$$

$$s_{xy} = \frac{\sum \left(x_i - \bar{x} \right)\left(y_i - \bar{y} \right)}{m} = 1\,275.804$$

$$b = \frac{s_{xy}}{s_x{}^2} = 2\,992.04$$

$$a = \bar{y} - b\,\bar{x} = -23.32$$

이렇게 해서 $y = bx + a = 2{,}992.04x - 23.32$의 검량선 식을 얻을 수 있다.

또, 상관계수는

$$r = \frac{s_{xy}}{\sqrt{s_x{}^2} \ \sqrt{s_y{}^2}} = \frac{1\,275.804}{\sqrt{0.426\,4} \times \sqrt{3\,817\,783.840}} = 0.999\,93$$

이 된다.

6-4 ◆ 불확실도

❖ 1. 불확실도의 필요성

화학분석의 측정결과는 일부 정성적인 표현이 있지만, 많은 경우에는 물질의 농도와 같이 정량적인 표현이 된다. 화학분석 등에서 측정이 갖는 의미는 얻어진 결과를 기초로 방법의 평가나 양부를 판단해 다음의 행동을 결정하는 데 있다.

얻어진 측정값을 수치로서 비교하게 되며 그 수치의 신뢰성을 평가하는 척도로서 종래부터 '오차'라는 개념이 이용되어 왔다.

그러나 오차는 참값과 측정값의 차이로서 표현되고 있는 이상, 참값을 구하지 않으면 오차를 평가할 수 없게 되어 매우 불합리하다. 즉, 본래 알 수 없는 값과 비교하지 않으면 안 되는 모순을 안고 있었다.

예를 들면, 지구 환경문제나 상거래에서 과학적인 데이터를 취급함에 있어서 일본 국내는 물론 국제적으로도 데이터를 비교한다는 의미에서의 용어나 성능평가의 표현에 관해서 공통적인 견해가 불충분해 이러한 문제의 해결이 요구되었다.

이러한 상황 속에서 1993년에 국제 문서인 「계측에서의 불확실도의 표현 가이드 (Guide to the expression of Uncertainty in Measurement : GUM로 줄인다)[3]」가 ISO(International Organization for Standardization : 국제표준화기구)로부터 발행되었다(이하, 불확실도 가이드라고 한다).

이를 계기로 종래의 '오차'를 대신하는 새로운 개념으로서 '불확실도'라는 용어가 이용되게 되었다. 측정결과 편차의 정도, 즉 불확실도를 병기함으로써 결과가 가지는 의미가 보다 명확해진다. 즉, 어느 정도 결과를 신뢰할 수 있는지를 나타낼 수 있게 된다.

❖ 2. 불확실도에 관련된 용어와 평가 순서

불확실의 정확한 정의는 다음과 같지만, 개략적으로 말하면 결과의 편차를 표준편차(정의상은 파라미터라고 표현되고 있다) 등으로 나타낸 것이다. 또 불확실도는 측정값의 신뢰 정도 혹은 의심스러움을 의미한다.

관련하는 용어와 평가순서를 나타낸다.

(측정의) 불확실도(uncertainty (of measurement))[3]

'측정의 결과에 부수한 합리적으로 측정량에 연결시켜 얻는 값의 편차를 특징지우는 파라미터.'

(1) **표준 불확실도**(standard uncertainty) 표준편차로 나타내는 측정결과의 불확실도

(2) **합성 표준 불확실도**(combined standard uncertainty) 측정결과를 몇 개의 다른 양의 값으로부터 구할 수 있을 때의 측정결과의 표준 불확실도. 이것은 이러한 각 양의 변화에 대응해 측정결과가 얼마나 바뀔지에 따라 매겨지는 분산 또는 다른 양과의 공분산 합의 양의 제곱근과 동일하다.

(3) **확장 불확실도**(expanded uncertainty) 측정결과에 대해 합리적으로 측정량에 연결시켜 얻을 수 있는 값의 분포 대부분을 포함할 것으로 기대되는 구간을 정하는 양.

(4) **포함계수**(coverage factor) 확장 불확실도를 구하기 위해서 합성 표준 불확실도에 곱하는 수로서 이용되는 평가계수.

(5) **(불확실도의) A타입 평가**(Type A evaluation (of uncertainty)) 일련의 관측값의 통계적 해석에 의한 불확실도 평가 방법.

(6) **(불확실도의) B타입 평가**(Type B evaluation (of uncertainty)) 일련의 관측값의 통계적 해석 이외의 수단에 의한 불확실도 평가 방법.

불확실도의 실제 평가에 대해서는 불확실한 성분을 밝혀내고 성분별로 불확실도를 수치(표준편차)로 표현해서 합성 표준 불확실도를 계산, 최종적으로 확장 불확실도와 그 포함계수로서 표현하게 된다(합성 표준 불확실도 그대로도 문제는 없다). 이 경우 「불확실도 가이드」에서는 구한 불확실도의 합성방법으로서, 불확실도의 전파법칙에 의해 합성 표준 불확실도를 계산한다고 되어 있다.

불확실도를 구한다고 하는 것은 신뢰의 정도를 수치화하는 것이고, 다음과 같은 순서로 계산한다.

스텝 1 : 측정결과를 구할 때까지의 순서를 명확하게 해 측정조작의 어디에 불확실도의 요인이 있는지를 분명히 한다.

측정순서를 구체적으로 써 내든지, 결과를 구하는 계산식을 명확하게 하는 단계이다.

CHAPTER 6

스텝 2 : 스텝 1을 고려해 불확실도의 요인을 열거한다.

측정결과를 구하는 식을 써낼 수 있는 경우 적어도 그 식의 각 항목이 불확실도의 요인이 된다. 수식의 형태로 표현할 수 없는 경우에는 불확실도의 요인을 개별적으로 검토해 열거한다.

예를 들면, 액체의 체적을 측정하는 경우의 불확실도로는

① 제직을 측정하는 체적계의 불확실도

② 액체가 온도에 의해 체적이 변화하는 것에 의한 불확실도(실험환경의 온도변화)

③ 어느 정도의 편차로 액체를 체적계에 재어 취할 수가 있는지 등이 불확실도의 요인이 된다.

스텝 3 : 불확실도 요인의 분석과 견적

열거한 요인별 표준 불확실도(표준편차 또는 상대표준편차)를 추정(계산)한다. 이 경우, 각 표준 불확실도를 평가하는 방법으로서 A타입, B타입으로 불리는 2개의 방법이 있다.

A타입 평가 : 실제로 실험(평가자 스스로 실시하는 실험 등)을 실시한 데이터를 통계 해석해 불확실도를 계산하는 방법이다. 이 경우 실험 표준편차 또는 평균값의 실험 표준편차를 이용하게 된다.

B타입 평가 : 증명서, 문헌값, 장치 사양서 등의 수치로부터 각 요인의 불확실도를 추정할 수 있다. 즉, 직접 실험에서는 불확실도를 계산할 수 없는 경우 증명서 등의 다른 정보를 이용하는 방법이다. 증명서의 경우는 확장 불확실도(또는 합성 표준 불확실도)이 기재되므로 그 불확실도를 이용할 수 있다. 예를 들면, 증명서에 '20.0mL±0.4mL($k=2$)'와 같이 표기되고 있는 경우에는 0.4mL가 확장 불확실도가, 포함계수 $k=2$로 나눈 $0.4 \div 2 = 0.2$mL를 표준 불확실도로서 이용할 수 있다.

또, 문헌값이나 장치사양서의 경우에는 일정한 확률분포(구형분포나 삼각분포 등)를 상정해 그 확률분포로부터 표준편차를 추정해 그 값을 불확실도로 하게 된다.

스텝 4 : 합성 표준 불확실도의 계산

각 요인의 표준 불확실도를 합성(가산)한 불확실도를 합성 표준 불확실도 u_c라고 한다. 합성 표준 불확실도는 다음 식과 같이 각 표준 불확실도의 제곱합의 제곱근으로 계산한다. 이 경우 A타입, B타입은 구별하지 않고 합성할 수 있다.

$$u_c = \sqrt{u_1{}^2 + u_2{}^2 + u_3{}^2 + \cdots + u_n{}^2}$$ (13)

u_c : 합성 표준 불확실도, $u_1, u_2 \cdots, u_n$: 각 표준 불확실도

이 식은 불확실도의 전파법칙에 근거하는 것이다. 즉, 어느 최종의 측정결과를 몇 개의 프로세스를 거쳐 구할 수 있다고 하면, 각각의 프로세스마다 불확실도가 존재하는 것이 일반적이다.

이 최종의 측정결과가 각 프로세스 측정값의 가감산으로 나타내지는 경우 각 프로세스의 불확실도와 최종 결과의 불확실도로 전파한다(영향을 준다)는 것이 불확실도의 전파법칙이다.

전파의 개념은 몇 가지 있지만, 불확실도 가이드에서는 제곱합에 의한 합성방법을 도입하고 있다. 예를 들면 결과 A는 프로세스 B와 프로세스 C의 합계로 계산된다고 하자. 즉, A=B+C이다. 이때 A의 분산(표준편차의 제곱)은 B의 분산과 C의 분산을 더한 것이 된다.

이것을 분산의 가법성이라고 하며, 불확실도의 전파법칙 그 자체이다. 다만, B와 C는 독립(서로 영향을 주지 않는다)이라는 조건이 있다.

스텝 5 : 확장 불확실도 U의 계산

합성 표준 불확실도 그대로도 문제는 없지만, 합성 표준 불확실도에 포함계수를 곱해 확장 불확실도로서 표현하는 경우가 일반적이다. 포함계수로서 $k=2$가 이용되는 경우가 많다.

스텝 6 : 결과의 표시

결과의 평균(단위)±확장 불확실도(단위)(포함계수)과 같이 표기한다.

특히 확장 불확실도로 표시하는 경우에는 확장 불확실도로부터 표준 불확실도를 역산할 수 있듯이, 계산에 이용한 포함계수 k를 나타낼 필요가 있다. 또, 불확실도의 표시 자릿수는 필요 이상으로 많이 할 필요는 없고, 일반적으로는 유효숫자 1자릿수에서 2자릿수 정도이다.

3. 불확실도와 통계량

불확실도의 의미와 이용되는 용어는 전술한 대로이지만, 구체적으로 불확실도를 평가하는 경우에는 불확실도를 수치로 나타낼 필요가 있다. 수치로 나타내기 위해서는 표준편차 등의 통계적인 계산이 필요하다.

[1] 표준편차의 계산

데이터의 편차를 결과의 신뢰성 지표로 하는 경우, 일반적으로는 표준편차가 이용되

고, 불확실도 가이드에서도 표준 불확실도는 표준편차로 나타낸다고 한다. 측정을 n회 반복했을 경우의 데이터를 $x_1, x_2, x_3, \cdots, x_n$으로 한다.

예를 들면, 물체의 길이나 무게를 측정하면 얻어진 데이터가 반드시 같은 수치가 아니라는 것은 잘 알려져 있다. 이 데이터의 편차 크기를 표준편차로 나타내는 경우, 다음과 같은 순서로 계산하게 된다.

순서 1 : 평균값 $\bar{x}$를 구한나.

$$\bar{x} = \frac{x_1 + x_2 + x_3 + \cdots + x_n}{n} \tag{14}$$

순서 2 : 제곱합 S를 구한다.

$$S = (x_1 - \bar{x})^2 + (x_2 - \bar{x})^2 + (x_3 - \bar{x})^2 + \cdots + (x_n - \bar{x})^2 \tag{15}$$

순서 3 : 분산 V를 구한다.

$$V = \frac{S}{n-1} \tag{16}$$

순서 4 : 표준편차 $s(x)$를 구한다.

$$s(x) = \sqrt{V} \tag{17}$$

식(15), (16), (17)은 모두 데이터가 분산되면 그 값은 커진다. 반대로 데이터가 분산되지 않으면 작아진다. 이 때문에 제곱합, 분산, 표준편차는 모두 편차의 지표라고 생각되지만, 왜 표준편차까지 구하는 것일까. 이 점에 대해 간단하게 설명해 둔다.

제곱합은 같은 정도의 편차에서도 데이터의 수가 많아짐에 따라 그 값도 커지므로 제곱합끼리 크기를 비교힐 수 없다는 결점이 있다.

분산은 데이터의 수(여기에서는 $n-1$로 나누고 있어 데이터 수에 관계없이 분산끼리 비교할 수 있다. 그러나 식(15), (16)으로부터 알 수 있듯이 데이터 단위의 제곱인 상태이다.

그래서 분산 제곱근인 표준편차까지 구해 두면 원래 데이터의 단위와 같은 차원을 가지게 되어 분산의 지표로서 사용하기 쉬워진다.

[2] 실험 표준편차

불확실도의 평가에서 표준편차의 계산은 매우 중요한 것이지만, 표준편차라고 하는 경우에 주의해야 하는 두 종류가 있다.

$$\sigma(x) = \sqrt{\frac{\sum (x_i - \bar{x})^2}{n}} \tag{18}$$

$$s(x) = \sqrt{\frac{\sum (x_i - \bar{x})^2}{n-1}} \tag{19}$$

2개의 식은 매우 유사해 큰 차이는 없다고 생각되지만 그 의미는 크게 차이가 난다. 여기서 n은 데이터의 수가 되고, 데이터 수 n이 큰 경우에는 어떤 식으로 계산하더라도 큰 차이는 없다. 데이터 수가 적은 경우는 그 영향이 커진다. 식(19)는 실험 표준편차로 불리는 것으로, 통상의 A타입의 불확실도 평가에서는 이 실험 표준편차의 값을 이용할 필요가 있다. 식(19)는 $\sum$라는 기호를 이용해 식을 설명하고 있지만, 내용은 식(17)과 같다.

식(18)은 데이터의 배경에 있는 모집단의 편차를 추정하는 것이 아니고, 얻어진 데이터 그 자체의 편차를 구하는 것이다. 예를 들면, 분석초등학교 1학년 1반 전원의 신장을 측정해 신장의 평균과 그 편차를 구한다고 하자.

이 경우의 편차는 식(18)로부터 구하게 된다. 그러나 분석초등학교 1학년 1반의 결과로부터 시내나 구내 초등학교 1학년의 신장 평균이나 그 편차를 추정할 경우의 편차는 식(19)로부터 계산하게 된다.

[3] 평균값의 실험 표준편차

A타입 평가에서는 반드시 실험 표준편차를 그대로 사용하는 것은 아니다. 실험 표준편차로부터 평균값의 실험 표준편차를 구하는 경우가 생긴다. 즉, 보고결과를 몇 회의 측정결과의 평균값으로 하는 경우, 그 평균값이 어느 정도 분산하는지를 표명할 필요가 있다. 식으로 나타내면 식(20)과 같이 된다.

$$s(\bar{x}) = \frac{s(x)}{\sqrt{n}} \tag{20}$$

$s(x)$는 실험 표준편차, $s(\bar{x})$는 평균값의 실험 표준편차를 나타낸다. $s(x)$는 어떤 일정 횟수의 반복(예를 들면 20회 정도)으로부터 계산하게 되지만, 몇 회 정도가 적당한지는 데이터를 얻을 때까지의 시간적인 요인이나 비용, 요구되는 정밀도 등에 따라 달라진다.

어느 정도가 타당한가의 판단은 측정자 자신에게 맡겨야 하는 것이 현실적인 생각이라고 생각된다. 또, 단순한 연속측정으로 하면 될지, 1년 정도의 장기 시험이 필요할지 여부도 측정자가 판단해야 한다. 필자의 연구팀이 표준액의 불확실도를 평가하는 경우에는 20회 정도 측정을 실시하고 있다.

여기서 n은 몇 회 측정의 결과를 평균할지를 나타내는 횟수이므로 데이터의 자유도 등과 혼동하지 않도록 주의해야 한다. n은 평균을 계산하기 위한 결과의 수가 된다. 예를 들면, SOP(표준조작 순서서) 등에서 3회 측정의 평균을 결과로 한다고 규정하고 있는 경우에는 얻어진 실험 표준편차를 $\sqrt{3}$으로 나누게 된다. 이렇게 해서 얻어진 $s(\bar{x})$의 값이 표준 불확실도가 된다.

[4] B타입의 불확실도와 표준편차

불확실도의 평가에서는 실험결과 이외로부터 불확실도를 평가하는 경우가 있고, 이를 B타입에 의한 평가라고 한다. 예를 들면, 액체의 체적 변화가 불확실도의 요인인 경우, 실험환경의 온도변화를 생각할 필요가 있다.

이 경우에 온도와 액체의 체적변화 관계를 측정할 수 있으면 되지만 실제로 측정하는 것은 어렵다. 다행스럽게도 물 등은 그 체적팽창계수가 문헌값으로 주어지고 있다. 그러니 실험실의 온도변화가 어느 정도인지를 알면 어떠한 체적변화가 일어나는지 추정할 수 있다.

이와 같이 문헌값이나 카탈로그 등 어느 정도 신뢰할 수 있는 데이터를 사용해 불확실도를 평가하는 것이 B타입 평가가 된다.

예를 들면, 15~25℃의 범위 내에서 일정하게 온도가 변화하는 경우에는 온도변화의 분포(어느 순간에 온도를 측정했을 때의 특정 온도일 확률)가 일정(구형 분포라고도 불린나), 즉 어느 온도에서나 나타나는 확률은 동일한 정도로 한다. 상기의 실험실에서 온도측정을 여러 번 실시해 가로축에 온도, 세로축에

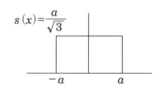

그림 6.2 직사각형 분포(균등분포)

나타난 횟수를 나타내면 어느 온도에서나 거의 같은 정도의 횟수가 나타나므로 그림 6.2와 같은 분포가 된다. 이 분포의 편차를 생각하기로 한다. 평균값(이 경우에는 20℃)과 실제로 측정한 온도의 차이의 제곱합을 측정 횟수 n으로 해, $(n-1)$로 나누면 분산을 계산할 수 있다.

평균, 분산, 표준편차 등의 계산은 식(14)~(19)에서 설명했다. 그러나 현실적으로 이러한 데이터는 좀처럼 얻어지지 않기 때문에 구형(균등)분포로 상정해 그때의 편차(표준편차)를 구할 수 있다.

그림 6.2의 가로축은 온도이며 중심이 평균값, 양측은 최솟값과 최댓값이 된다. 세로

축은 가로축의 온도가 될 확률이 크다. 온도가 반드시 이 범위에 있다고 하여 최댓값과 평균값의 차이(또는, 최솟값과 평균값의 차이에서도 같다)를 a로 하면 a를 $\sqrt{3}$으로 나눔으로써 표준편차를 추정할 수 있게 것이다. 즉, 직사각형 분포인 경우의 표준편차는 $a/\sqrt{3}$으로 추정할 수 있게 된다.

불확실도의 평가에서는 직사각형 분포 이외에도 삼각분포(그림 6.3)라 불리는 분포도 널리 이용되고 있다. 삼각분포의 경우에서도 직사각형 분포와 마찬가지로 분포의 확대로부터 표준편차를 추정할 수 있다. 삼각분포의 경우에는 $a/\sqrt{6}$이 된다. 삼각분포의 경우 직사각형 분포와 비교해 양측보다 중심으로 가까운 쪽에 많은 데이터가 모여 있으므로 표준편차 자체도 작아짐을 직감적으로 이해할 수 있을 것이다.

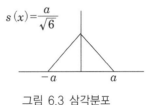

그림 6.3 삼각분포

B타입 평가의 경우에는 어느 분포를 상정해 그 표준 불확실도를 계산하게 되지만, 정말로 그 분포로 좋은 것인지 여부에 대해서는 불확실한 경우도 많다. 데이터를 얻기 위해서 이용되는 기기나 조건 등 전문적 지식이 요구되는 경우도 있다.

6-5 ◆ 화학분석의 불확실도 관련 규격

'EURACHEM' 및 'CITAC'에서 화학분석의 불확실도 문서 'EURACHEM/ CITAC guide'[4]가 나와 있다. 이것은 화학분석에서 정량분석의 불확실도 평가에 대한 가이드다. 'EURACHEM/CITAC guide'도 당연히 전술한 「불확실도 가이드」를 기초로 한 것이다.

즉, 「불확실도 가이드」 개념을 화학분석에 응용하는 경우의 예를 포함한 가이드로 자리 잡고 있다.

화학분석은 중량분석, 용량분석, 기기분석 등으로 나눌 수 있고(6절의 기술에 주의), 요구되는 결과의 불확실도 정도도 다양하다. 또 불확실도의 요인도 다양하다.

전처리 등 평가 자체가 곤란하거나 반복 측정해서 어떠한 특성값을 평가하는 경우 등은 측정의 반복 그 자체에서 기인하는 불확실도와 본래의 목적인 특성값이 가지는 불확실도를 구분하여 추측할 수 없는 경우도 있다.

이러한 경우에는 최종적인 불확실도의 과대평가로 연결되는 경우도 많다.

'EURACHEM/CITAC guide'에 게재된 전형적인 불확실도의 요인은 다음과 같다.

- 샘플링
- 시료의 보존조건
- 장치의 바이어스
- 시약순도
- 측정조건
- 시료 효과(복잡한 매트릭스 효과 등)
- 컴퓨터의 문제 : 검량선 작성에서 2차, 3차 곡선으로 표현해야 할 것을 직선(1차)으로 표시하는 등 계산 모델이 부적절한 경우 등
- 블랭크 보정
- 분석자에 의한 바이어스(숙련도)
- 우연 효과

6-6 · 검량선에 의해 구한 농도의 불확실도

통상, 화학분석을 실시하는 경우 시료의 샘플링, 전처리, 정량, 계산 단계를 밟게 된다. 이러한 단계를 한층 더 세부적인 요인으로 언급한 것이 앞에서 든 요인이다.

화학분석은 ① 화학적인 원리에 근거해 결과를 알 수 있는 적정 등으로 대표되는 용량분석 ② 물질의 무게를 측정하는 중량분석 ③ 다양한 물리적인 원리에 근거해 측정되어 표준물질을 필요로 하는 분석, 이른바 기기분석으로 나눌 수가 있다.

용량분석이나 중량분석은 현재도 행해지고 있지만, 기기분석과 비교하면 그 비율은 낮아져 최근의 화학분석은 기기분석에 의한 경우가 가장 많을 것이다(최근의 적정 등의 조작도 기기에 의한 경우가 많아지고 있기 때문에 현재의 JIS K 0050 : 2005에서는 반드시 용량분석, 중량분석, 기기분석이라고 분류되어 있지는 않다).

많은 경우 검량선은 가로축에 표준물질(표준액 등)의 농도(또는 양), 세로축에 기기로부터의 출력을 취해 농도와 기기 출력의 관계를 구하게 된다. 우리가 통상 사용하는 검량선은 직선식(1차식)에 의한 경우가 많아, $y = bx + a$와 같이 나타낸다.

여기서 b는 기울기, a는 y축 절편으로 불리며, 최소제곱법이라고 하는 개념에 의해 기울기와 절편의 값이 결정된다. 이것은 가장 단순한 최소제곱법으로, 가로축은 오차가 없는 확정량, 세로축은 같은 정밀도의 확률량(분산이 있다는 의미)으로 간주해 계산하고 있다.

즉, 가로축의 편차는 생각하지 않고, 세로축의 편차는 세로축의 크기에 관계없이 일정(세로축의 표준편차 그 자체가 일정하다는 의미이지 상대표준편차가 일정하다는 의미는 아니다)하다는 전제가 있다.

이러한 개념에 근거해 구한 검량선에 의해 계산된 농도의 불확실도 평가식(21)이 제안되었다[5]. (다만, 참고문헌[5])에서는 n과 m이 반대로 이용되고 있다). 또, 그러한 식의 의미와 도출에 대해 해설하고 있다[1], [6].

$$s_{xo} = \frac{s_{yo}}{b}\left\{\frac{1}{n} + \frac{1}{m} + \frac{(y_o - \overline{y})^2}{b^2 \sum(x_i - \overline{x})^2}\right\}^{1/2} \qquad (21)$$

s_{xo} : 측정농도의 불확실도

s_{yo} : 세로축의 불확실도(검량선 세로축 측정값의 편차)

b　: 검량선의 기울기

n　: 시료 측정의 반복수

m　: 검량선 작성을 위한 농도 수준의 수×측정 반복수

x_i　: 검량선 표준액의 각 농도

y_o　: 시료의 측정값(기기 출력)

$\overline{x}$　: 검량선 표준액 각 농도의 평균값

$\overline{y}$　: 검량선 세로축 측정값의 평균값

계산 예 : 3절 '검량선' 계산 예의 검량선 식에서 측정한 농도의 불확실도를 계산한다. 측정 시료의 데이터는 이하의 표 6.2의 값을 이용한다.

표 6.2 측정 시료의 데이터

시료	발광강도 y_o	측정농도(mg/L)
측정 시료	665	0.23

식(21)에 의해 농도의 불확실도를 구하기 위해서 3절 '검량선' 계산 예의 결과와 함께 다음의 식을 계산한다.

$$s_x{}^2 = \frac{\sum(x_i - \overline{x})^2}{m} = 0.4264$$

로부터

$$\sum(x_i - \overline{x})^2 = 2.132$$

가 된다. 또한, $m=5$이다.

세로축의 편차로서

$$s_{yo} = \left\{ \frac{\sum (y_i - \bar{\bar{y}}_i)^2}{m-2} \right\}^{1/2}$$

를 구한다. 여기서, y_i는 표 6.1(3절 '검량선' 계산 예)의 발광강도, $\bar{\bar{y}}_i$는 계산에 의해 구해진 검량선 식 $y = 2,992.04x - 23.32$에 x를 대입시켰을 때 구할 수 있는 y의 값이다 (평균값은 아닌 것에 주의).

예를 들면, $x = 0.2(i=1)$인 경우

$$\bar{\bar{y}}_1 = 2,992.04 \times 0.2 - 23.32 = 575.09$$
$$y_1 - \bar{\bar{y}}_1 = 601 - 575.09 = 25.91$$

이 된다. 따라서

$$s_{yo} = \sqrt{\frac{(25.91)^2 + (-22.70)^2 + \cdots + (24.25)^2}{5-2}} = 29.80$$

표 6.1 (3절 '검량선' 계산 예)의 검량선 데이터로부터 $m = 5 \times 1$(검량선 작성을 위한 농도 수준의 수×측정 반복수), 또한 표 6.2의 시료의 측정결과로부터 $y_o = 665$, $n = 1$(반복 측정수)을 식(21)에 대입하면 다음 식과 같이 된다.

$$s_{xo} = \frac{s_{yo}}{b} \left\{ \frac{1}{n} + \frac{1}{m} + \frac{(y_o - \bar{y})^2}{b^2 \sum (x_i - \bar{x})^2} \right\}^{1/2}$$

$$= \frac{29.80}{2\,992.04} \left(\frac{1}{1} + \frac{1}{5 \times 1} + \frac{(665 - 3\,088.400)^2}{2\,992.04^2 \times 2.132} \right)^{1/2}$$

$$= 0.012\,2 \text{ mg/L}$$

이렇게 해서 계산된 0.0122mg/L가 측정농도 0.23mg/L의 표준 불확실도가 된다 (통상, 측정농도의 표준 불확실도는 유효숫자 2자릿수 정도이지만, 여기에서는 최종 불확실도를 계산하는 과정이므로 소수점 이하 4자릿수까지 표시했다).

6-7 ◆불확실도의 평가 예(수돗물의 나트륨 농도 측정)

◆ 1. 측정 순서(스텝 1)

증명서가 첨부된 100mg/L의 나트륨 표준액을 10배 희석한 10mg/L 표준액을 기준으로하여 시료(수돗물) 내의 나트륨을 이온 크로마토그래프로 측정한다.

[1] 검량선 표준액 조제

10mL 전량 피펫과 100mL 전량 플라스크에 의해 100mg/L의 나트륨 표준액을 초순수로 10배 희석해 10.0mg/L 나트륨 표준액을 희석 조제한다.

[2] 나트륨 측정

이온 크로마토그래프로 나트륨을 측정할 수 있도록 한 후 나트륨 표준액, 시료(수돗물)의 순서로 측정해, 1점 검량선법으로 시료의 농도를 계산한다. 이 조작을 5회 반복해 평균값을 시료의 측정농도로 한다.

◆ 2. 불확실도 요인의 열거(스텝 2)

불확실도의 요인은 다음과 같은 경우이다. 여기부터의 불확실도 평가에서는 상대적인 불확실도(분율)에 의해 계산한다.

최종적으로 '합성 표준 불확실도(상대)(분율)'에 '측정된 농도'를 곱해 '측정된 농도의 불확실도'로 환산한다. 불확실도 요인으로는 검량선 표준액의 희석에 이용한 초순수 중의 불순물로서의 나트륨 농도, 수돗물이나 검량선 표준액의 농도의 안정성, 사용하는 기구류나 시험환경으로부터의 오염, 시험실의 온도변화가 액체나 유리기구의 체적 팽창에 주는 영향 등을 생각할 수 있지만, 일반적으로는 측정편차와 비교해 작다고 생각되므로 여기에서는 채택하지 않는 것으로 한다.

또, 장치의 장기적인 안정성, 측정자에게서 기인하는 내용, 수돗물의 샘플링, 매트릭스의 차이, 장치의 특성이 측정결과에 주는 영향 등도 불확실도의 요인이 될 수 있지만, 편의상 여기에서는 다루지 않는 것으로 한다.

[1] 검량선 표준액(10.0mg/L 나트륨 표준액)의 불확실도

1) 원료 표준액으로서의 100mg/L 나트륨 표준액의 농도(C_{s1})의 불확실도 u_{s1}

2) 10.0mg/L 나트륨 표준액으로서 희석하는 경우의 불확실도

CHAPTER 6

a) 10mL 전량 피펫(V_p)의 분취 불확실도

① 눈금 불확실도 u_{p1}

② 반복 불확실도(숙련도) u_{p2}

b) 100mL 전량 플라스크(V_f)의 메스업 불확실도

① 눈금 불확실도 u_{f1}

② 반복 불확실도(숙련도) u_{f2}

[2] 검량선에 의한 측정농도(C_{s4})의 불확실도

❖ 3. 요인별 불확실도의 계산과 평가(스텝 3)

[1] 검량선 표준액(10.0mg/L 나트륨 표준액)의 불확실도

(a) 원료 표준액 농도(C_{s1})의 불확실도 u_{s1}

100mg/L 나트륨 표준액의 신뢰성은 정밀도로서 농도 1%로 되어 있으므로 1mg/L가 된다. 여기에서는 직사각형 분포로 가정해 100mg/L 나트륨 표준액의 표준 불확실도(상대)를 계산한다.

$$u_{s1} = \frac{1\text{mg/L}}{\sqrt{3}} = 0.577\text{mg/L}$$

$$\frac{u_{s1}}{C_{s1}} = \frac{0.577\text{mg/L}}{100\text{mg/L}} = 0.00577$$

(b) 희석에 수반하는 농도(C_{s2})의 불확실도 u_{s2}

검량선 표준액(10.0mg/L 나트륨 표준액)을 조제하기 위해서 원료 표준액을 10mL 전량 피펫 및 100mL 전량 플라스크에 의해 10배 희석한다. 이 조작에 의한 불확실도를 계산한다.

전량 피펫 및 전량 플라스크 눈금의 불확실도는 JIS K 0050에 기재된 방법을 이용해 평가할 수 있지만, 여기에서는 JIS R 3505의 허용차(클래스 A)를 이용한다.

유리 체적계는 제조사가 품질검사를 하고 있기 때문에 허용 폭의 양단보다는 중심 부근의 제품이 많을 것으로 생각해 여기에서는 삼각분포를 가정한다.

전량 피펫에 의한 분취 불확실도 및 전량 플라스크의 메스업 불확실도는 분취 및 메스업 후의 질량을 측정하는 반복 실험으로부터 계산한 실험 표준편차의 값을 이용하는 것으로 한다.

(1) 전량 피펫 및 전량 플라스크의 눈금 불확실도

종류	용량(mL)	허용차(mL)	표준 불확실도(mL)	표준 불확실도(상대)
전량 피펫	10	±0.02	$0.02/\sqrt{6}=0.0082$	$0.00082(=u_{p1}/V_p)$
전량 플라스크	100	±0.1	$0.1/\sqrt{6}=0.041$	$0.00041(=u_{f1}/V_f)$

예 : 표준 불확실도(상대) $0.00082=(0.02/\sqrt{6})/10$

(2) 전량 피펫 및 전량 플라스크의 반복 불확실도

종류	용량(mL)	반복 실험 표준편차(mL)	표준 불확실도(상대)
전량 피펫	10	±0.01	$0.001(=u_{p2}/V_p)$
전량 플라스크	100	±0.05	$0.0005(=u_{f2}/V_f)$

예 : 표준 불확실도(상대) $0.001=(0.01/10)$

검량선 표준액(10.0mg/L 나트륨 표준액)으로서 10배 희석하는 경우의 합성 표준 불확실도(상대)는 다음과 같이 된다. 이 단계에서는 원료 표준액의 농도(C_{s1}) 불확실도 u_{s1}는 포함하지 않았다.

$$\frac{u_{s2}}{Cs2} = \sqrt{\left(\frac{u_{p1}}{V_p}\right)^2 + \left(\frac{u_{p2}}{V_p}\right)^2 + \left(\frac{u_{f1}}{V_f}\right)^2 + \left(\frac{u_{f2}}{V_f}\right)^2}$$

$$= \sqrt{0.00082^2 + 0.001^2 + 0.00041^2 + 0.0005^2}$$

$$= 0.00145$$

(c) 검량선 표준액(10.0mg/L 나트륨 표준액)의 농도(C_{s3}) 불확실도 u_{s3}

원료 표준액의 불확실도 및 희석 조작의 불확실도를 포함한 검량선 표준액(10.0mg/L 나트륨 표준액)의 농도 합성 표준 불확실도(상대)는 다음과 같이 계산할 수 있다.

$$\frac{u_{s3}}{Cs3} = \sqrt{\left(\frac{u_{s1}}{Cs1}\right)^2 + \left(\frac{u_{s2}}{Cs2}\right)^2}$$

$$= \sqrt{\left(\frac{u_{s1}}{Cs1}\right)^2 + \left(\frac{u_{p1}}{V_p}\right)^2 + \left(\frac{u_{p2}}{V_p}\right)^2 + \left(\frac{u_{f1}}{V_f}\right)^2 + \left(\frac{u_{f2}}{V_f}\right)^2}$$

$$=\sqrt{0.00577^2+0.00082^2+0.001^2+0.00041^2+0.0005^2}$$
$$=0.00595$$

[2] 검량선에 의한 측정농도(C_{s4}) 불확실도 u_{s4}

검량선은 원점을 통과하고 또한 10.0mg/L와 원점 사이는 직선관계에 있다고 가정해 10.0mg/L와 원점을 연결한 1점 검량선에 의한 방법으로 측정한다.

편의상 1점 검량선법으로 계산된 농도의 편차(평균값의 실험 표준편차)를 측정의 불확실도로 한다[†1].

표 6.3 시료(수돗물) 측정결과

반복	1회	2회	3회	4회	5회	평균농도
측정농도(mg/L)	8.51	8.44	8.56	8.51	8.48	8.50

평균값 : 8.50mg/L (C_{s4})

실험 표준편차 : 0.044mg/L

평균값의 실험 표준편차 : 0.020mg/L (u_{s4})

따라서 측정의 표준 불확실도(상대)는

$$\frac{u_{s4}}{C_{s4}}=\frac{0.020\text{mg/L}}{8.50\text{mg/L}}=0.00235$$

라고 평가할 수 있다.

❖ 4. 합성 표준 불확실도의 계산(스텝 4)

3에서 계산한 요인별 불확실도를 정리하면 표 6.4와 같다.

표 6.4 요인별 불확실도

요인	값	불확실도 기호	합성 표준 불확실도(상대) 또는 표준 불확실도(상대)
검량선 표준액 C_{s3}	10.0mg/L	μ_{s3}	0.00595
검량선 측정 C_{s4}	8.50mg/L	μ_{s4}	0.00235

[†1] 다점 검량선법에 의해 농도를 측정한 경우에는 6절의 계산 예와 같이 계산한 불확실도의 값을 이용하면 된다. 1점 검량선의 경우에는 1점 검량선식을 편미분한 값에 각 요인별 불확실도를 곱한 값으로 해서 계산하게 되지만 편의상 측정농도의 편차를 불확실도로 했다.

또한, 각 요인을 합성한 합성 표준 불확실도(상대)는 다음과 같다.

$$\frac{u_c}{C} = \sqrt{\left(\frac{u_{s3}}{Cs3}\right)^2 + \left(\frac{u_{s4}}{Cs4}\right)^2}$$

$$= \sqrt{0.005\,95^2 + 0.002\,35^2}$$

$$= 0.006\,40$$

여기에서는 시료(수돗물)를 직접 장치에 담아 희석이나 농축은 하지 않기 때문에 측정농도의 평균값 C_{s4}가 직접 시료(수돗물)의 농도 C가 된다. 따라서 시료농도의 불확실도 u_c는

$$u_c = 8.50 \text{mg/L} \times 0.00640$$

$$= 0.0544 \text{mg/L}$$

❖ 5. 확장 불확실도의 계산(스텝 5)

포함계수 $k=2$로 하여 확장 불확실도를 계산하면 $0.0544\text{mg/L} \times 2 \fallingdotseq 0.11\text{mg/L}$가 된다.

❖ 6. 결과의 표시

시료(수돗물) 내의 나트륨 농도에 확장 불확실도를 반영하면 다음과 같다.

$$8.50 \text{mg/L} \pm 0.11 \text{mg/L} \ (k=2)$$

참고문헌

1)　四角目和広，佐藤寿邦：「直線検量線を利用する定量分析値の不確かさ－考え方と
　　計算法」，環境と測定技術，30，34，2003

2)　四角目和広，佐藤寿邦：「校正曲（直）線の当てはめにおける回帰の分散分析の考
　　え方－決定係数 R^2 の定義とその利用－」，環境と測定技術，31，22，2004

3)　飯塚幸三監修：「ISO 国際文書　計測における不確かさの表現のガイド　統一され
　　る信頼性表現の国際ルール」，（財）日本規格協会，1996

4)　EURACHEM/CITAC Guide："Qualifying Uncertainty in Analytical
　　Measurement, second edition, final draft", Apr., 2000

5)　J. N. Miller & J. C. Miller 著，宗森信，佐藤寿邦訳：「データの取り方とまとめ方
　　（第 2 版）」，共立出版，2004

6)　四角目和広，佐藤寿邦：「重みつき最小二乗法による直線検量線－考え方と不確か
　　さ」，環境と測定技術，31，17，2004

7장

분석 신뢰성

7-1 ◆ 분석 신뢰의 필요성

일반적으로 분석기술자는 분석 대상시료가 있으면 분석 대상항목(원소나 화합물 등)에 대응해 분석기기를 선택하고, 시료를 화학적 혹은 물리적으로 처리하고 나서 분석기기에 도입해 분석값을 출력한다. 분석값의 신뢰싱은 출력된 분식값은 물론이고 분석기기의 신뢰성이나 분석기술자의 기능 신뢰성에 대해서도 중요한 문제가 된다.

예를 들면, 어느 특정 물질을 제조할 때 목적성분이 계획대로 함유되었는지를 확인하는 분석작업을 실시해 분석값에 신뢰성이 결여되었으면 제조된 물질도 분석값과 마찬가지로 신뢰성이 결여된 것은 자명한 일이다. 만약 신뢰성이 결여된 물질이 상거래되면 제조물 책임 혹은 품질의 결함에 의해 제조회사는 큰 경제적 손실을 입게 될 것이다.

게다가 법적 규제와 관련된 물질분석이라면 법적인 위반뿐만 아니라 우리의 생활을 위협하게 되어 중대한 사회적 문제를 일으키게 된다. 특히 환경에 관련한 물질의 분석은 우리 생활의 기본이 되는 건강·안전·안심을 담보하는 수단의 하나로서 중요한 관심사이다.

때문에 최근에는 이러한 분석값의 신뢰성을 확보하는 방법 중 하나로 종래부터 시행되고 있던 기술사나 계량사 제도 외에 국제적으로 통용되는 시험소 인정제도(ISO/IEC17025, JIS Q 17025)가 보급되기 시작했다.

기술사나 계량사는 개인자격으로 존재하지만, 시험소 인정은 조직(분석기관)의 자격으로서 존재한다. 분석기술은 개인의 재능에 근거하는 것이 많지만, 조직으로부터 분석값이 보고되는 것을 생각하면 개인의 기술만을 생각할 것이 아니라 조직에 소속된 개인의 기술도 생각하는 것이 중요하다.

어쨌든 개인 분석기술자로부터 보고된 분석값의 신뢰성을 높이는 것은 조직으로부터 보고된 분석값의 신뢰성을 높여 시스템화하는 것이 필요 불가결 요소다. 그 때문에 분석기관은 분석장치·분석기기의 정비는 물론이고 분석조작 매뉴얼이나 분석환경 정비, 분석자에 대한 교육 훈련·감독 지도, 분석결과의 타당성 확인·평가(밸리데이션) 등을 끊임없이 실시할 수 있는 시스템을 구축하는 것이 중요하다. 조직에 속하는 분석기술자도 높은 신뢰성을 확보하려는 노력을 하지 않으면 안 된다.

7-2 ◦ 분석기술자의 기능

이전부터 일본은 기능을 중시하는 '장인'에 의해서 물건이 만들어지는 사회였다. 만들어진 물건은 지금 보면 예술적이며 정교하고 훌륭한 것이었다. 시간 제한 없이 장인의 만족감으로 만들어지던 시대이기도 했다. 이른바 물건을 소비자 중심으로 생각해 온 것은 아니라, 만드는 측의 정성으로 만들었기 때문이다.

그러나 최근 시간과 비용에 제한이 있는 가운데 다량의 제품이 만들어지자 차츰 인간의 기술보다는 기계의 기술을 의지하게 되어 인간이 주체였을 때보다는 물건이 주체로 바뀌어 왔다.

이러한 사회적 배경에서 분석작업을 실시하는 분석기관에서는 어떻게 되었을까. 전통적인 습식분석을 실시할 수 있는 분석기술자는 얼마나 있을까.

다양화와 신속성이 요구되고 있는 오늘날 아마 많은 곳에서는 최신 분석기기를 도입해 대응하고 있을 것이다. 분석기기에는 컴퓨터가 내장되거나 부가되어 분석기기 조작법을 습득하면 누구라도 곧바로 분석결과를 얻을 수 있게 되었다.

그러나 그 분석결과는 과연 신뢰성이 높은 값일지 많은 의문이 남는다.

일본의 법규제·상거래에서의 분석기술은 JIS에 근거해 실행되고 있지만, 분석기술의 신뢰성을 확보하기 위해 매년 수많은 부분이 개량·개발되고 있다. 이 분석기술은 그 분야에 있어 공통적으로 인식된 분석기술이며, 규제나 상거래를 위해 원활히 사용되고 있다. 그러나 이것은 JIS로는 대응하지 못하고 국제적으로 표준화된 분석기술, 예를 들면 ISO에 근거한 분석기술이 필요하다. 일반적으로 화학분석을 실시하는 경우 표준물질을 이용하는 비교법에 의해 정량되고 있다.

기준이 되는 표준물질의 신뢰성은 어떨까? 신뢰가 있는 분석값이 인증된 CRM (Certified Reference Material : 인증 표준물질)(기준의 잣대)을 사용해, JIS 등의 분석법 규격에 따라 분석하기만 하면 분석값의 신뢰성을 확보할 수 있을까? 그 대답은 명백하다.

아무리 훌륭한 분석기기를 사용하더라도 취급하는 분석기술자에게 그에 상응하는 기능이 없으면 도출된 분석값은 아무 신뢰성이 없는 결과가 된다. 또, 그 분석기술이 잘못되어 있어도 그것을 평가할 만큼의 능력이 없으면 새로운 분석기술의 개발은 시도되지 않는다.

비록 분석기술의 기능을 갖추고 있어도 한 번 습득한 기술이 시간이 지나도 여전히 남아 있을지는 의문이다.

빗대어 말하면 자동차 면허증을 취득한 운전자의 기능은 어떨까? 매일 업무로 자동차를 타는 운전자, 주말 쇼핑이나 여행할 때만 타는 운전자, 거의 자동차를 탈 기회가 없는 운전자 모두 국가기준의 자동차를 운전하는 기능을 확보한 면허증을 소지하고 있다.

매일 업무로 자동차를 타는 운전자는 당연히 순조로우면서 보다 안전하게 도로를 달리고 있다. 그린 운진자라도 수개월 혹은 수년간 자동차를 타지 않고 다시 자동차를 타면 어떻게 될까? 처음에는 익숙해질 때까지 어색하게 달릴지도 모르지만 곧바로 순조롭게 달릴 수 있다.

자동차의 근본적인 조작방법은 수개월 아니 수년이 지나도 전혀 변화가 없고, 습득하는 기능도 단순한 조작과 지식이므로 기능의 저하가 그 만큼 곧 나타나지 않는다. 순조롭게 달린다든가 매끄럽지 못하게 달린다든가는 면허증을 취득하기 위한 조건과는 완전히 관계없는 것이다.

한편, 화학분석에서 자동차를 운전할 수 있는 기술은 분석기기를 조작할 수 있는 기술과 같지만, 이 분야에서는 순조롭게 달리게 할 수 있는 기술까지도 요구되고 있다.

즉, 분석기기의 조작방법 이외에 분석 시료나 분석 대상물에 대응해 어떠한 화학조작을 실시할지를 선택·실행할 수 있는 기능을 갖추지 않으면 안 된다. 그 기능을 상시 활용할 수 있도록 유지·관리해 두어야 한다.

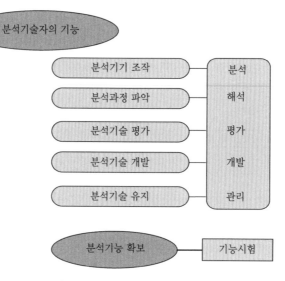

그림 7.1 요구되는 분석기술자의 기능

이를 한눈에 알도록 나타낸 것이 그림 7.1이다. 분석기술자의 기능에는 분석하는 능력·해석하는 능력·평가하는 능력·개발하는 능력·관리하는 능력의 모든 능력을 겸비하지 않으면 안 되고, 또 기능시험 등을 통해 끊임없이 이러한 분석기능을 확보해 두지 않으면 안된다.

7-3 ◆ 기능시험

앞 절에 나타낸 기능이 확보되고 있는지 여부를 확인하는 것이 기능시험 (Proficiency Testing)이다. ISO 규격에 의하면 「기능시험은 시험소 간 비교를 통한 시험소의 실적평정」이라고 정의되어 있다.

시험소를 분석기관이라고 하면, 기능시험은 분석기관의 분석기능을 평가하는 방법이라고 할 수 있다. 즉, 동일 혹은 유사한 시료를 복수의 분석기관이 분석해 그 결과를 서로 평가해 그 분석기관의 기능을 평가한다. 이러한 평가를 통해 분석기관으로서의 분석기능을 확보해야 비로소 분석의 신뢰성도 확보된다.

그러나 평소의 분석기능을 확보하려면 기능시험에만 의지할 수 없다. 분석기능의 확보는 분석의 신뢰성에 대해서 필요조건이지만, 충분조건은 아니다. 잠재적이고 체계적인 오차는 분석기능의 확보만으로는 눈에 보이게 나타나지 않는다. 이러한 일을 피하려면 앞서 말한 CRM을 이용하는 방법이 있다.

CRM에 의해 끊임없이 분석기능을 관리·평가하여 새로운 분석방법을 개발·평가하지 않으면 안 된다. CRM은 사물을 평가하는 데 필요한 공통의 '잣대' 중 하나로, 예를 들면 상거래에서 물건을 만드는 측과 물건을 판매하는 측의 상호 신뢰관계를 유지하는 중요한 역할도 담당하고 있다.

❖ 1. 분석기술 체계의 개념

분석기술 체계 중 하나로 신뢰성 확보를 목표로 한 트레이서빌리티 제도를 토대로 한 체계가 있다. 그림 7.2에 그 체계를 나타낸다.

분석방법에 계급을 붙여 최상급에 SI단위를 두고 거기에 가장 가까운 Definitive Method(기준법)로부터 Reference Method(실용기준법 혹은 참조법), Field Method(일상 일반법)를 설정해 신뢰성을 확보함과 동시에 정확도를 1차, 2차, 워킹(대부분 시판)의 CRM를 통해서 현장분석에 전달하는 시스템이다.

Definitive Method는 계통적인 오차를 무시할 수 있고, 고정밀도(0.1~1%)가 아니면 안 되므로 일반적으로 불가능에 가깝다. Reference Method는 정확도(1~3%)가 1차 CRM이나 Definitive Method로 실증된 것이라고 정의되며, 또한 Field Method에 대한 정확도(5~10%)를 전달하게 되어 있다.

그 사이 각 분석법의 신뢰성을 확보하기 위해 분석기능의 보장·관리·평가라고 하는 품질보증(QA : Quality Assurance)이 중요시되고 있다.

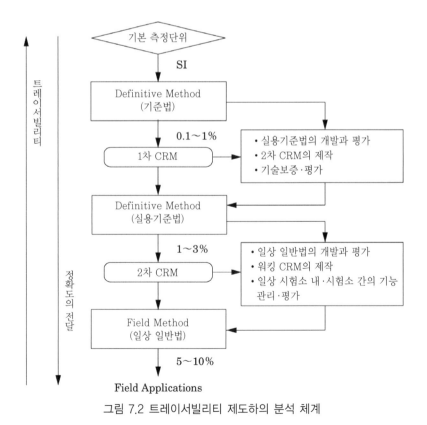

그림 7.2 트레이서빌리티 제도하의 분석 체계

앞서 말한 분석의 기능시험은 QA를 실시하는 수단의 하나로 취급되고 있다.

❖ 2. 분석 기능시험의 의의

분석 기능시험의 의의는 분석의 신뢰성을 확보하는 데 매우 중요하다는 것은 주지의 사실이다. 이것은 시험소 인정용 CITAC(Co-operation on International Traceability in Analytical Chemistry) 가이드 1(CITAC Guide 1 : International Guide to Quality in Analytical Chemistry-An Aid to Accreditation-)에 전형적인 항목을 들어 설명하고 있다. 분석 기능시험에 관계된 항목 중 분석기술자에 관련 항목은

① 2년 이상의 경험을 가진다.
② 인정된 기술을 가진 상사의 지도하에 분석작업을 실시한다.
③ 기술·숙련도 평가를 항상 받는다.
④ 내부·외부의 여러 가지 분석에 관한 기능시험을 본다.
　 등의 제약이 부과되어 있다. 또한
⑤ 재교육이나 재훈련을 정기적으로 받지 않으면 안 된다고
　 지적되고 있다.

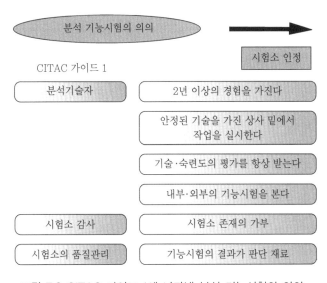

그림 7.3 CITAC 가이드 1에 나타낸 분석 기능시험의 의의

분석기관의 감사에서도 기능시험에 참가하고 있는지의 유무로 분석기관의 존재 가부가 거론되기도 하고, 분석기관의 품질관리(QC : Quality Control)에 기능시험의 결과가 판단 근거로서 사용되는 매우 중요한 항목이 되어 있는데, 그것을 나타낸 것이 그림 7.3이다.

❖ 3. 시험소 인정제도에 도입된 기능시험의 필요성 예

미국에서 잘못 표시한 패스너(지름 5mm 이상의 볼트나 너트 등의 체결도구)를 여러 곳에 사용해 문제가 생겼는데, 특히 스페이스 셔틀에 사용했을 때에 중대한 사고가 발생했다. 그 결과 미국에서는 공공의 안전성을 보호할 목적으로 1996년 9월 26일자로 패스너품질법(FQA)의 시행규칙이 공포되어 1998년 5월 27일부터 시행되었다. 그 주된 목적은 다음과 같다.

- 패스너의 품질에 대해서 표시된 제조 사양에 합치하도록 의무화
- 품질의 시험을 실시하는 시험소 인정 규정
- 표준화된 방법에 의한 검사, 시험 및 증명의 의무화

이 법률이 시행되면서 미국의 시험소 인정을 받은 기관만이 FQA를 만족시키는 패스너를 제조·판매할 수 있게 되어 일본에서 미국으로의 패스너 수출이 불가능하게 되었다.

당시 일본에는 미국 국립 표준기술연구소(NIST : National Institute of Standard and Technology)의 시험소 인정제도에 필적하는 인정제도가 정비되어 있지 않았기 때문에, 철강업계나 볼트 제작업계는 미국 시험소 인정을 받지 않을 수 없게 되었다. 시험소(분석기관) 인정에는 분석기술의 기능시험도 요구항목에 포함되어 있으므로 미국의 기능시험에 합치하는 시험을 받지 않으면 안 되었다.

그것이 CTS(Collaborative Testing Service Inc.)의 기능시험이며 연 2회밖에 행해지지 않는 시험을 적절한 타이밍에 받은 것이 어렵고, 일본과 미국에서 절차가 다르며, 영문 번역 오류 등 국내에서는 상상하기 힘든 어려움에 봉착하여 상거래를 실시하는 기관에 제한이 생겼다.

그 후, 일본에서도 세계 공통의 시험소 인정제도가 생겨 이러한 장벽을 최근에 해소하였다.

7-4 ◆ 기능시험의 평가방법

시험소 인정제도를 구축하는 국제규격(ISO/IEC 17025, JIS Q 17025)에 대응하는 기능시험에 대해서도 국제규격 ISO/IEC 17043: 2010(JIS Q 17043: 2010) (「적합성평가-기능시험에 대한 일반 요구사항」)이 제정되고, 기능시험으로 제출된 분석결과의 평가방법에 대해 규정되어 있다.

기능시험을 이용하는 목적은 이 규격의 서문에 기록되어 있다. 이를 발췌해 나타낸다. 여러 가지 목적으로 이용되지만, 분석기관의 기술적 기능을 평가 이외에도 교육·훈련의 일환으로서 분석기술자 개인의 기능을 평가하는 데 사용할 수 있다. 그러나 개인이라고 해도 분석기술자의 기능을 통해서 분석기관의 기능평가에 연결시키는 것이 주목적이다.

시험소 간 비교는 여러 가지 목적으로 널리 채용되고 있어 그 사용은 국제적으로 증가하고 있다.

시험소 간 비교의 대표적인 목적은 다음과 같은 것이다.

a) 특정시험 또는 측정에 관한 시험소의 퍼포먼스 평가 및 시험소의 계속적인 퍼포먼스 감시

b) 예를 들면 부적절한 시험 혹은 측정순서, 직원의 교육·훈련 및 감독의 유효성, 또한 기기·설비(equipment)의 교정에 관한 시험소의 문제점 특정 및 개선처치

c) 시험 또는 측정방법의 유효성 및 동등성 확립

d) 시험소의 고객에 대한 부가적인 신뢰성 제공

e) 시험소 간 차이 특정

f) 비교 결과에 근거한 참가 시험소의 교육

g) 불확실도 주장의 타당성 확인

h) 어떤 방법의 퍼포먼스 특성 평가. 이것은 공동실험이라고 하는 경우가 있다.

i) 표준물질에 대한 값의 부여 및 특정 시험 또는 측정순서에 이용하는 표준물질의 적성 평가

j) 국제도량형국(BIPM) 및 관련 지역 계량기관을 대신해 실시되는 '기간 비교'및 그 보완 비교에 의한 국가 계량기관의 측정 동등성에 관한 표명의 증명

기능시험은 상기의 a)~g)에 기술한 것 같은 시험소의 퍼포먼스 확정에 시험소 간 비교 사용을 수반한다. h)~j)에서는 시험소의 능력이 전제가 되기 때문에 기능시험은 통상 이것들을 취급하는 경우는 없다.

다만, 이러한 용도는 시험소의 능력에 대해 독립적으로 실증하기 위한 목적으로 이용할 수 있다. 이 규격의 요구사항은 h)~j)에 관해서 많은 기술적 계획 및 운용 활동에 적용할 수 있다.

기능시험의 결과를 평가하려면 본 규격의 부속서 B 「기능시험의 통계적 방법」을 참고로 할 수 있다. 부속서 B의 서두에 다음의 문장이 있다.

기능시험의 결과는 광범위한 데이터의 종류 및 그 기초가 되는 통계분포에 의해 여러 가지 형태로 출현한다. 결과의 분석에 이용하는 통계방법은 각각의 상황에 적절한 것이 필요하고, 이 규격으로 규정하려면 너무나 다양하다. (중략)

부속서 B 및 인용문헌에서 다루고 있는 방법은 모든 기능시험 스킴에 공통되는 다음의 기초적 스텝에 관한 것이다

a) 부여값 확정

b) 퍼포먼스 통계 계산

c) 퍼포먼스 평가

d) 기능시험 품목의 균질성 및 안전성의 사전 확정

(중략) 부속서 B는 기능시험 데이터를 취급하기 위한 통계방법을 고찰하는 것이지 그 이외의 분석 연구를 위한 통계방법을 고찰하는 것은 아니다. 서문에 나타낸 시험소 간 비교 데이터 외의 용도에는 다른 방법이 필요한 경우가 있다.

여기서 부여값이란 어느 특정 양에 연결시킬 수 있는 값이며, 때로는 어느 목적에 대해서 타당한 불확실도로 받아들여진 값으로, 각 분석기관에 의한 평균값 혹은 중앙값이다.

이 부여값은 기능시험 전체의 기준이 되는 값으로, 각 분석기관의 기능을 평가하기 위한 값이 되므로 비교값이라고도 한다.

퍼포먼스 통계란 기능시험 데이터를 통계적 방법에 의해 해석해 소정의 목푯값과 비교해 평가할 수 있는 값이다. 예를 들면 ① 기능시험 전체의 편차 정도를 나타내는 표준편차나 ② 변동계수(상대표준편차) 혹은 ③ 어떤 분석기관의 전체의 어떤 기준으로

부터의 편차 정도를 나타내는 차이(분석값−비교값) ④ 퍼센트 차이[{(분석값−비교값)/비교값}×100] ⑤ 백분위점 ⑥ z 스코어{(분석값−비교값)/(편차의 추정값)}이나 ⑦ En 수(불확실도에 확장 불확실도를 사용) 혹은 ζ스코어(불확실도에 합성 표준 불확실도를 사용)[{(분석값−비교값)/{(분석값의 불확실도)^2+(비교값의 불확실도)^2}$^{1/2}$}]가 퍼포먼스 통계이다. 이것들이 선택되어 계산된 후, 기준으로 비교되어 기능시험의 결과가 실적의 평가로서 나타난다.

이와 같이 분석결과의 평가방법에 대해서는 여러 가지 퍼포먼스 통계를 사용해 평가하는 것이 제안되고 있다. 일반적으로는 분석기관의 기능을 평가하기 위한 방법이지만, 분석기술자 개인의 기능에 대해서도 이용할 수 있다. 일례로 (사)일본분석화학회가 개인을 대상으로 한 기능시험(「수중의 미량금속 성분의 분석 강습회」)에서의 평가방법에 대해 개략을 설명한다.

이 기능시험에서의 평가는 주로 (1) 병행 정밀도의 평가, (2) 블랭크값의 평가, (3) 명확한 이상값의 기각, (4) 모집단의 평균값 및 표준편차의 산출, (5) 통계적 이상값의 기각 (6) ISO/IEC 17043에 나타나 있는 z스코어에 의한 평가에 의해 행해지고 있다. 이 기능시험에서의 분석값 보고는 3회 분석한 결과를 보고하도록 요구하고 있다. 이 중 1일째에 첫 번째 분석을 실시하고 다른 2일째에 두 번째 및 세 번째 분석을 하도록 요구하고 있다.

❖ 1. 병행 정밀도와 재현 정밀도의 평가

2일째의 2회 분석에 의해 하루 중 편차로서 병행 정밀도를 평가하고 있다. 2개의 분석값에서는 표준편차 σ를 구할 수 없기 때문에 σ의 추정값으로부터 이 값을 유도했다. 즉, 2개의 분석값의 차이, 범위 (R)을 범위의 기댓값 (d_2) ($n=2$일 때 $d_2=1.128$)으로 나눈 값을 σ의 추정값으로 하고 있다. 또한, 이 값을 평균값(3개의 분석값에 의한 평균값)로 나눈 값이 상대 하루 중 편차[%]가 된다.

또, 첫 날의 분석과 2일째 첫 번째 분석에 의해 하루 중 편차를 산출해 재현 정밀도를 평가하고 있다. 이 경우도 하루 중 편차와 같이 σ의 추정값으로부터 상대 하루 중 편차[%]를 도출하고 있다. 상대 하루 중 편차 및 상대 하루 중 편차의 값이 10%를 넘는 경우에는 기각의 대상으로 고려하고 있다.

❖ 2. 블랭크값의 평가

측정값과 블랭크값을 비교했을 때 블랭크값이 너무 높으면 분석값에 대해 블랭크값의 영향이 나타나 신뢰성이 나빠지므로 측정값과 블랭크값이 기준으로서 5배 이내인 경우 기각의 대상으로 고려하고 있다.

❖ 3. 명확한 이상값의 기각

분명히 분석값이 다른 분석값과 비교해 이상한 경우, 예를 들면 자릿수를 잘못해 희석률의 계산 실수나 숫자의 오기 등이 있는 경우 기각하고 있다.

❖ 4. 모집단의 평균값 및 표준편차의 산출

보고된 분석값으로부터 모집단의 평균값, 표준편차 및 상대표준편차를 산출해 통계적인 편차를 평가한다. 평균값은 1일째의 분석값과 2일째의 2개 분석값 총 3개의 값에 의해 산출하고 있다.

이때의 표준편차는 3개 값의 σ의 추정값으로부터 산출하고 있다. 3개 분석값의 범위 (R)는 분석값의 최댓값과 최솟값의 차이를 나타내 σ의 추정값을 범위의 기댓값 (d_3) ($n = 3$ 때 $d_3 = 1.693$)로 제거한 값을 표준편차로 하고 있다.

❖ 5. 통계적 이상값의 기각

일반적으로 보고된 분석값은 특별한 요인이 없는 한 통계적으로 정규분포한다고 알려져 있다. 3항의 이상값은 특별한 요인으로 들 수 있다. 그러므로 이러한 이상값을 기각한 후에는 보고된 분석값은 정규분포가 될 것이다.

분석값 중에는 이 정규분포가 있는 값에서 벗어나는 경우가 있어, 이것을 통계적인 이상값이라고 부르고 있다. 이 통계적 이상값의 판정에 Grubbs의 기각 검정 방법을 이용해 이러한 분석값을 기각한다.

이러한 이상값은 어느 모집단으로부터 고립한 값이며 시료 또는 분석·시험의 조작에 이상이 있는 것을 반드시 의미하지는 않지만, 모집단의 수가 많은 이 실례의 경우에는 기각할 수 있다.

통계적 이상값을 기각하기 위해

$$T = (X_n - X_{av})/V^{1/2} \tag{1}$$

를 산출해, T가 기각 한계값 $G(n ; 0.05)$를 넘고 있는지 아닌지에 따라 판정한다.

여기서, X_n은 최댓값 혹은 최솟값, X_{av}는 평균값, $V^{1/2}$은 표준편차이다. 기각된 데이터가 있을 경우에는 남은 데이터로 다시 4항의 평균값, 표준편차, 상대표준편차를 계산하고 또한 Grubbs의 기각 검정을 실시한다.

이 T의 값은 6항에서 말하는 z스코어와 유사하므로 상대표준편차를 기준으로 약

10%가 될 때까지 반복 기각 검정을 실시하고 있다.

❖ 6. z스코어에 의한 평가

최종적으로 분석값은 z스코어에 의해 평가한다. z스코어는 ISO/IEC 가이드 43-1에서 식(2)와 같이 제시되어 있다.

$$z = (분석값-비교값) / (편차의 추정값) \qquad (2)$$

식(2)에서 비교값을 모집단의 평균값, 편차의 추정값을 모집단의 표준편차로 하면 식(1)에서의 X_n을 각 분석값(평균값)으로 할 때의 T 값과 z스코어는 동일한 값이 된다. $|z|$ 스코어가 2 이하일 때를 합격(0점)으로 하고 2와 3 사이의 수치가 되었을 때를 1/2의 불합격·문제 있음(0.5점)으로 하고, 3 이상일 때를 불합격(1점)으로 하고 있다. 또한, z스코어로 평가하기 전에 기각된 분석 데이터는 1점의 불합격이 주어지고 있다.

이 강습회의 실기시험(기능시험)에서는 6원소의 분석값을 제공할 것이 요구되고 있으므로 6원소에 대한 평가를 개별적으로 실시해 6원소 평가의 합계가 2점 이상 있을 경우 본 실기시험을 불합격으로 하고 있다.

또, 최근에는 3항 및 5항에 기술된 이상값의 데이터를 기각하지 않고 z스코어를 산출하는 로부스트법에 의해 평가하는 방법도 보급해 왔기 때문에 참고로 설명한다. 이 방법은 분석값을 가장 높은 값(혹은 낮은 값)부터 차례차례 낮은 값(혹은 높은 값)으로 정렬하고, 중앙값(미디언)과 위로부터 1/4인 값(상사분위수)과 3/4인 값(하사분위수)을 구해 상사분위수와 하사분위수의 차이(사분위 범위 : IQR ; Interquartile Range)로부터 표준편차에 상당하는 NIQR(Normalized Interquartile Range, IQRX 0.743)을 구해

$$z = (분석값-중앙값) / (NIQR) \qquad (3)$$

에 의해 z스코어를 산출한다. 즉, 식(3)의 중앙값과 NIQR이 각각 식(2)의 비교값과 편차의 추정값이 된다.

❖ 7. 평가의 실례

이상에서 언급한 1항부터 6항의 평가를 알기 쉽게 나타낸 것이 실례에 근거한 그림·표이다. 표 7.1은 물속의 Fe농도를 원자흡광 분석법, ICP 발광분광 분석법 혹은 ICP 질량 분석법에 의해 정량한 결과에 근거해 평가한 결과이다. 분석법의 AA는 원자흡광 분석법, ICP는 ICP 발광분광 분석법, MS는 ICP 질량 분석법의 약어이다. 분석값의

X1은 1일째의 분석값, X21은 2일째의 첫 번째 분석값, X22는 2일째의 두 번째 분석값이며, 그 단위는 mg/L의 농도를 나타낸다. 평균값은 3개 분석값의 평균이며, σ'는 σ의 추정값을 의미한다.

CV는 σ'를 평균값으로 나눈 상대표준편차(변동계수, %)이다. 분석값의 하부에 기록되어 있는 조제값은 시약의 양으로부터 조제한 값이다. 표는 상단에서부터 평균값의 내림차순으로 나타내고 있다. z스코어는 로부스트법에 의한 값과 Grubbs의 기각 검정에 근거한 값을 나타내고 있다.

Grubbs법에서는 통계적 이상값을 기각하고, 새로운 모집단에 의해 평균값과 표준편차를 산출하고 있으므로, 새로운 z스코어, z'가 제출되고 있다. 그 다음에 z'스코어에

표 7.1 기능시험 평가의 일례(1)

Mn의 기능시험 결과   %   최댓값−최솟값 $d = 1.128 \ (n = 2)$ $d = 1.693 \ (n = 3)$

수강 No.	분석값	분석값[mg/L]			일내편차 X21-X22/Xav	일간편차 X1-X21/Xav	평균값 평균(3 또는 2)	범위 R	$\sigma' = R/d$	CV[%]
		X1	X21	X22						
26	ICP	0.026	0.024	0.025	4.0	8.0	0.0250	0.0020	0.00118	4.7
7	AA	0.0254	0.0253	0.0284	11.8	0.4	0.0264	0.0031	0.00183	6.9
19	ICP	0.0279	0.0278	0.0279	0.4	0.4	0.0279	0.0001	0.00006	0.2
13	ICP	0.0302	0.0268	0.0270	0.7	12.1	0.0280	0.0034	0.00201	7.2

2	ICP	0.0434
8	MS	0.251
조제값		0.0310

시료를 조제할 때의 농도

평균값의 오름차순

로부스트법에 의한 z스코어

종래법에 의한 z스코어

최종 결과

로부스트	Grubbs			블랭크값		
z	z	z'	z''	1	2 (1)	2 (2)
−2.30	−0.57	−1.32	−1.87	< 0.000005	< 0.000005	< 0.000005
−1.68	−0.48	−1.01	−1.37	0	0	0
3.63	0.29	1.61	2.81	−0.001	−0.004	0
8.37	0.98	3.95	6.54	< 0.01	< 0.01	< 0.01
35.29	4.89	17.23	27.75	0.00827	−0.00035	−0.00053

기각 없음   1회 기각   2회 기각

근거해 새로운 기각을 해 z''스코어가 산출되고 있다.

표 7.2는 표 7.1에서 이어진 내용이다. Av1은 전체 데이터의 평균값, Av2는 첫 번째 Grubbs가 기각한 후의 평균값, Av3은 두 번째의 Grubbs가 기각한 후의 값이다. 각각의 평균값에는 표준편차와 변동계수를 나타내고 있다. 로부스트법에서는 평균값 대신에 중앙값, 표준편차 대신에 NIQR을 나타내고 있다. 또, Grubbs의 기각 검정 조건도 나타나고 있다.

예를 들면, 분석수가 28($n=28$)일 때, z스코어가 2.714를 넘은 분석값을 기각한다는 것을 나타내고 있다. 이렇게 해서 분석결과의 수치를 낮은 쪽에서 높은 쪽으로 정렬한 것이 그림 7.4와 그림 7.5이다.

그림 7.4는 분석값의 평균을 세로축으로 하고 있지만, 그림 7.5는 규격화한 값, z스코어를 세로축으로 해 나타내고 있다. 그림 7.4의 점선, 1점 쇄선, 2점 쇄선, 파선은 각각 평균값, 1σ, 2σ, 3σ를 의미하고 있다. 그림 7.5의 z스코어에서는 평균값 혹은 중앙값을 기준으로 하여 세로축의 정수값이 1σ, 2σ, 3σ, …, 를 의미하고 있다.

분석방법에 따라 분석값이 어떠한 경향을 보이는지 알기 위해서는 그림 7.4가 적합하지만, 이 분석에서는 그 특징이 나타나지 않았다. 각 분석값에는 오차막대로 편차를 나타내고 있지만, 전체적으로는 작은 편차로 분석값을 얻을 수 있다. 그러나 분석값이

표 7.2 기능시험 평가의 일례(2)

일내편차	일간편차	평균값				로부스트	Grubbs		
X21-X22/Xav	X1-X21/Xav	평균(3 또는 2)	범위 R	$\sigma'=R/d$	CV〔%〕	z	z	z'	z''
4.0	8.0	0.0250	0.0020	0.00118	4.7	-2.30	-0.57	-1.32	-1.87
11.8	0.4	0.0264	0.0031	0.00183	6.9	-1.68	-0.48	-1.01	-1.37
1.5	199.8	0.1074	0.2162	0.12770	118.9	35.29	4.89	17.23	27.75

Av1	0.0336		0.0151	45.0	$n=28, 2.714$	
Av2	0.0309		0.0044	14.4		$n=27, 2.698$
Av3	0.0302		0.0028	9.2		$n=26, 2.68$
중앙값	0.0301	NIQR	0.0022	7.3		

평균값   표준편차   변동계수 %   기각 조건

Av1 : 모든 데이터의 평균값
Av2, Av3 : 기각 조건을 넘은 수치를 기각한 평균값

제일 높은 데이터는 일부 분석값에 숫자의 오기 혹은 희석률의 실수가 있어 이상하게 높은 값을 나타내고 있다.

다음으로 높은 분석값은 블랭크값이 높고 그 요동에 의해 안정된 분석값을 얻을 수 없는 것처럼 생각된다. 한편 분석값은 평균값에 가까웠지만, 변동계수가 큰 분석도 있다.

다른 분석기술사와 비교했을 경우에는 변동계수를 작게 하는 노력이 필요한 것이 이 결과로부터 분명해진다. 전체적으로는 이러한 농도의 분석기능으로서 만족하는 결과를

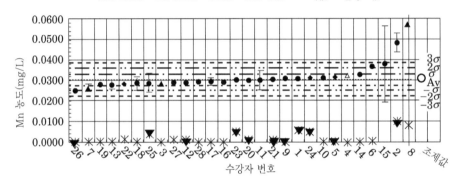

Av1 : 0.03360 ± 0.0151 （45%）

Me : 0.0301 ± 0.0022 （3.7%）

Av3 : 0.0302 ± 0.0028 （9.3%）

그림 7.4 농도 표시에 의한 기능시험 결과의 일례

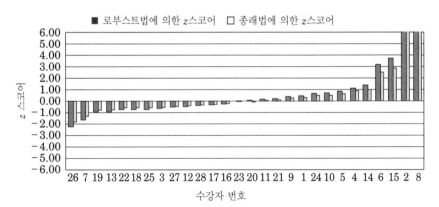

그림 7.5 z스코어 표시에 의한 기능시험 결과의 일례

얻을 수 있다.

그림 7.5와 같이 z스코어만으로 표시하면 분석값 정보밖에 표시되지 않아 기능이 좋은지 나쁜지로만 평가되기 때문에 개선으로 연결시키기에는 어딘지 부족한 부분이 남는다.

그러나 변동계수 등의 정밀도에 대해서도 z스코어로 처리해 표시하면 이 정밀도에 대한 기능도 판단할 수 있다. 또 이 그림에서는 Grubbs에 의한 기각 검정을 반복한 데이터와 기각 검정을 반복하지 않고 수치가 낮은 쪽에서 높은 쪽으로 차례로 늘어놓기만 한 데이터가 있다.

후자를 로부스트법(완건법, 견뢰법)이라고 하며, 높은 데이터와 낮은 데이터가 혼재하고 있어도 이상값의 검정이나 기각을 하지 않고 모집단 전체를 볼 수 있는 특징을 가지고 있으므로 최근에는 이 방법이 많이 이용되고 있다.

7-5 ◆ 시험소 인정제도

시험소 인정제도는 최근의 국제적인 물류 증대, 전 세계적인 환경문제의 심각화, 건강·안전·안심에 관한 의식 고양 등에 따라 국가 간 혹은 시험소(분석소, 분석기관 혹은 교정기관) 간 분석값의 정합성 확보에 대한 중요성이 강하게 인식되면서 생겨난 국제적인 제도로, 분석의 품질보증(Quality Assurance)을 확보하는 시스템이다.

이 인정제도는 ISO(International Organization for Standardization : 국제표준화기구) 및 IEC(International Electrotechnical Commission : 국제전기표준회의)에 대해 시험소의 적합성 평가를 실시할 때의 지침을 제시하기 위해 1978년에 ISO/IEC Guide 25가 발간되었다.

이 적합성 평가(Conformity Assessment)는 제품, 서비스 또는 시스템이 기술적 기준에 적합한지 여부를 평가하는 프로세스라고 정의되고 있다. 일반적으로 그 대상은 제품의 규격 적합성을 평가하는 '제품 인증', 용접 기능자나 비파괴 검사 기능자 등 사람의 기량에 관한 규격에 대한 적합성을 평가하는 '요원 인증', 기업·조직 등의 품질 시스템, 환경 매니지먼트 시스템 규격 적합을 평가하는 '매니지먼트 시스템 심사 등록', 과학적인 방법에 의한 '시험·교정', 간단한 장치 혹은 오관에 의한 판단을 포함한 '검사' 등으로 구성되어 있다.

이 때문에 이 적합성 평가를 달리 표현하면 "일반적으로 표준·규격·규정과 같은 것이 필요하게 될 경우, 또한 그 표준·규격·규정을 제품·서비스·프로세스와 같은 것이 만족하고 있는지 여부를 확인하는 행위가 필요해, 이러한 행위를 적합성 평가라고 한다."라고 정의할 수 있으므로, 분석기술에도 표준·규격·규정이 있는 경우에는 이러한 행위가 일반적으로는 요구된다.

그 후 ISO/IEC Guide 25는 1982년에 2판의 개정, 1990년에는 OECD (Organiza-tion for Economic Cooperation and Development : 경제협력개발기구)의 GLP(Good Laboratory Practice : 우량 시험소 기준)와의 조화나 ISO 9002의 품질 시스템의 요구사항을 받아들여 3판이 개정·발행되었다.

그 후 시험소의 제3자 인정이 세계적으로 확산되고 있는 가운데, ISO/IEC Guide 25는 국제적인 표준의 규격으로서 인식되게 되어 1999년에 ISO/IEC 17025로서 제정 되었다. 일본에서는 2000년에 JIS Q 17025로서 제정되었다.

이러한 제도의 배경에서 분석값 혹은 측정값의 질을 보증하기 위해서는 분석관리 (Quality Control), 즉 분석장치의 관리·교정·유지를 질 높은 상태로 실시하지 않으 면 안 되고, 순서서의 작성, 측정 불확실도의 확인, 트레이서빌리티의 증명을 실시하는 것이 필수조건으로 요구되고 있다.

분석기관 혹은 분석소의 시스템에 대한 품질보증이나 품질관리는 종래, ISO/9000 시리즈의 국제규격으로 신뢰성을 확보하려고 하였지만, 시험소 인정제도는 분석기관 혹은 분석소의 기술적 능력의 신뢰성까지 확보하기 위해서 생긴 제도로 ISO/9000 시 리즈의 내용을 포함해 제3자 기관에 의해 기술능력이 인정되어 국제적으로 신뢰성이 통용되는 규격 ISO/IEC 17025(JIS Q 17025)가 되었다.

시험소 인정제도에 대해 자세하게 해설하지 않지만, 분석값의 신뢰성을 확보하기 위 해서 몇 가지 요구사항이 규정되어 있으므로 다음에 기술적 요구사항의 일부에 대해 개략적으로 설명한다.

평소의 분석업무를 실시하면 자연스럽게 신뢰성이 높은 분석값이 제출될 우려가 없 으므로 참고로 하길 바란다.

✦ 1. ISO/IEC 17025(JIS Q 17025)
(시험소 및 교정기관의 능력에 관한 일반 요구사항)의 개요

시험소 인정의 국제규격인 ISO/IEC 17025 : 1999는 일본어판 규격으로서 JIS Q 17025 : 2000이, 또한 2000년 ISO 9000 시리즈의 일부 개정에 따라 새롭게 ISO/IEC 17025 : 2005 (JIS Q 17025 : 2005)로서 발행되었다. 이 규격은 분석소의 관리시스템에 대한 요구사항과 분석기술에 대한 요구사항을 규정하고 있는데, 전자에 는 ISO/9001 또는 9002: 2000에 규정되어 있는 요구사항이 똑같이 포함되어 있다.

규격에 써 있는 목차의 항목을 열거한다. 또, 세부항목에 대해서도 표제어가 붙어 있 는 것의 일부를 기재한다.

서문
1. 적용 범위
2. 인용 규격
3. 용어 및 정의
4. 관리상의 요구사항
4.1 조직
4.2 매니지먼트 시스템
4.3 문서 관리
4.3.1 일반
4.3.2 문서의 승인 및 발행
4.3.3 문서의 변경
4.4 의뢰, 견적 사양서 및 계약 내용의 확인
4.5 시험·교정의 하청부 계약
4.6 서비스 및 공급품의 구매
4.7 고객 서비스
4.8 불평
4.9 부적합 시험·교정 업무의 관리
4.10 개선
4.11 시정 조치
4.11.2 원인 분석
4.11.3 시정 조치의 선정 및 실시
4.11.4 시정 조치의 감시

여기서 평소 분석자가 분석 업무를 실시할 때 특히 주목해야 할 항목으로는 관리상에 대해서는 문서관리, 부적합 시험·교정업무 관리와 기록 관리가 요구사항이 되고, 기술적 요구사항에 대해서는 시험·교정 방법 및 방법의 타당성 확인과 측정의 트레이서빌리티가 된다.

즉, 전자의 관리상의 요구사항은 한마디로 한다면 분석방법 혹은 분석 순서 등의 문서화에 관한 것이어서 이 제도하에서는 반드시 SOP(Standard Operating Procedure 표준조작 순서서)를 작성도록 규정되어 있다. 또 문서화하려면 서류에 방법 등을 기술하는 것만이 아니라, 측정 불확실도나 트레이서빌리티를 고려하면서 인가 분석법의 타당성이 확인된 것을 기재하도록 요구되고 있다. 이렇게 해야 비로소 분석의 신뢰성이 담보되므로 시험소 인정을 받지 않은 경우에도 어림 짐작해 두는 것이 바람직하다.

❖ 2. 규격의 기술적 요구사항 해설(일부)

JIS Q 17025 : 2005의 분석 기술상 중요하다고 생각되는 기술적 요구사항의 일부(일점 긴 점선 내에 소문자로 나타낸다)를 들어 간단하게 해설한다.

[1] 분석의 정확도와 신뢰성 요인

분석의 정확도와 신뢰성을 확보하기 위한 요인을 기술하고 있는 것이 「5.1 일반」이다. 신뢰성 요인이 많지만 모든 것이 동등하게 기여하고 있는 것이 아니라 분석의 종류나 방법에 따라서 기여 방법이 달라지므로 한 번은 자신의 분석법에 대해 분석의 정확도와 신뢰성을 검토해 두는 것이 바람직하다.

---

5. 기술적 요구사항

5.1 일반

5.1.1 많은 요인이 시험소·교정기관에 의해 실시된 시험 교정의 정확도 및 신뢰성을 결정한다. 이들의 요인에는 다음의 사항으로부터의 기여가 포함된다.

- 인간 요인(5.2)
- 시설 및 환경조건(5.3)
- 시험·교정방법 및 방법의 타당성 확인(5.4)

- 설비(5.5)
- 측정의 트레이서빌리티(5.6)
- 샘플링(5.7)
- 시험 · 교정품목의 취급(5.8)

5.1.2 각 요인이 종합적인 측정의 불확실도에 기여하는 정도는 각각의 시험(의 종류) 및 각각의 교정(의 종류)에 따라 상당히 다르다. 시험소 교정기관은 시험·교정방법 및 순서의 개시에 요인의 교육훈련 및 자격 인정에 있어서 나란히 사용하는 설비의 선정 및 교정에 대해 이러한 요인을 고려하는 것.

[2] 분석방법의 타당성 확인(분석방법의 밸리데이션)

분석기술의 기본이 되는 분석방법의 타당성 확인(밸리데이션 : Validation)은 분석의 신뢰성과 관련되어 가장 중요하다.

타당성 확인은 분석이나 시험 혹은 제조설비가 목적에 맞는 제도나 재현성 등의 신뢰성을 가질 것, 혹은 설비로부터 정상적으로 생산되는 제품이 규격에 합치하는 것을 과학적으로 입증함으로써 '합목적성 확인'이라고도 하며, 이것들을 확보해야 신뢰성이 있는 분석이라고 할 수 있다.

분석방법의 타당성 확인은 분석값의 범위나 불확실도를 부여하는 분석능 파라미터(정확도, 검출한계, 선택성, 직선성, 반복성, 재현성, 견고성 및 상관 감도)를 구하게 되어 있지만, 분석 전체의 타당성 확인은 이외에 분석자의 기능을 높이는 기능시험을 보는 것이나 분석의 목적에 합치한 구입 기기의 성능과 사용방법을 확인하는 분석장치의 타낭성 확인이나 핑소의 분석시스템의 적합성을 확인하는 것까지도 포함되어 있다.

또한 JIS 규격에는 '진실도'라고 번역되어 기록되어 있지만 ISO에서는 'accuracy'로 되어 있으므로 여기에서는 「정확도」라고 적었다.

5.4.5 방법의 타당성 확인

5.4.5.1 타당성 확인이란 의도하는 특정 용도에 대해서 각각의 요구사항이 만족되고 있음을 조사에 의해 확인해 객관적 증거를 준비하는 것이다

5.4.5.2 시험소·교정 기관은 규격 외의 방법, 시험소 ·교정기관이 설계 ·개발한 방법. 의도된 적용범위 외에서 사용하는 규격에 규정된 방법 및 규격에 규정된 방법의 확

장 및 변경에 대해 그러한 방법이 의도하는 용도에 적절한지를 확인하기 위해서 타당성 확인을 실시하는 것. 타당성 확인은 해당 적용 대상 또는 적용 분야의 필요를 만족시키기 위해서 필요한 정도까지 폭넓게 실시하는 것. 시험소·교정기관은 얻어진 결과, 타당성 확인에 이용한 순서 및 그 방법이 의도하는 용도에 적절한지 아닌지의 표명을 기록하는 것

주기 1 타당성 확인은 샘플링, 취급 및 수송 순서를 포함하는 것이다.

주기 2 방법의 양부 확정에 이용하는 방법은 다음 사항 가운데 하나 또는 그것들의 조합인 것이 바람직하다.

- 참조표준 또는 표준물질을 이용한 교정
- 다른 방법으로 얻어진 결과와 비교
- 시험소 간 비교
- 결과에 영향을 주는 요인의 계통적인 평가
- 방법 원리의 과학적 이해 및 실제 경험에 근거한, 결과의 불확실도 평가

주기 3 타당성이 확인된 규격 외의 방법을 변경하는 경우에는 그러한 변경의 영향을 문서화해 적절하다고 판단되면 신규 타당성 확인을 실시하는 것이 바람직하다.

5.4.5.3 타당성이 확인된 방법에 의해 얻어진 값의 범위 및 정확도[예를 들면 결과의 불확실도, 검출한계, 방법의 선택성, 직선성, 반복성 및/또는 재현성의 한계, 외부 영향에 대한 견고성 또는 시료·시험 대상의 매트릭스로부터의 간섭에 대한 공상관 감도(cross- sensitivity)]는 의도하는 용도에 대한 평가에 대해 고객 요구에 적합할 것.

주기 1 타당성 확인은 요구사항의 명확화, 방법의 특성 확정, 그 방법에 따라 요구사항이 만족하는지 체크 및 유효성에 관한 표명을 포함한다.

주기 2 방법 개발의 진행에 따라 고객 요구가 여전히 만족되고 있는지를 검증하기 위해 정기적인 재검토를 실시하는 것이 바람직하다. 개발계획의 수정을 필요로 하는 요구사항의 어떠한 변경은 승인되어 권한 부여되는 것이 바람직하다.

주기 3 타당성 확인은 항상 비용, 리스크 및 기술적 가능성의 밸런스에 의한다. 정보 부족에 의해 값의 범위 및 불확실도(예를 들면, 정확도, 검출한계. 선택성, 직선성, 반복성, 재현성, 견고성 및 공상관 감도)를 간략화된 방법으로만 볼 수 있는 경우가 많다.

[3] 측정의 트레이서빌리티

분석값이 객관적으로 올바르다고 인정되기 위해서, 즉 분석값의 신뢰성을 확보하기 위해서는 트레이서빌리티가 필요하다. 트레이서빌리티는 ISO Guide 30 : 1992(JIS Q 0030 : 1997)에 "불확실도가 모두 표기된 끊임 없는 비교의 연쇄(트레이서빌리티 연쇄)를 통해서 통상은 국가표준 또는 국제표준인 정해진 표준과 관련지을 수 있는 측정결과 또는 표준치의 성질"이라고 정의되어 있다.

그러므로 트레이서빌리티 연쇄 각 단계에서의 연결은 분석값의 불확실도 견적이 없으면 거기서 중단되게 된다. 일례로서, 계량법의 트레이서빌리티 체계를 그림 7.6에 나타낸다. 정점에 SI기본 단위가 있고, 이것에 연결시킬 수 있는 형태로 국가 계량표준이 있다.

여기에서는 경제산업대신이 가격을 결정하지만, 실질적으로는 산업기술종합연구소의 계량표준관리센터가 실시하고 있다.

또한 계량표준과 연결시킬 수 있는 1차 표준이 지정 교정기관 혹은 일본 전기계기 검정소에 의해 jcss 마크를 붙여 발행되어 인정사업자에 의한 2차 표준과 연결시킬 수 있다.

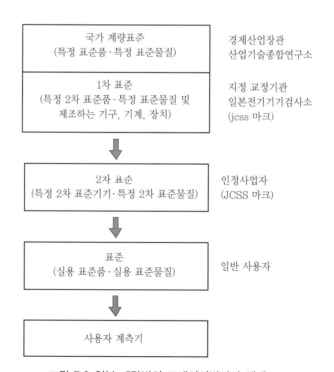

그림 7.6 일본 계량법의 트레이서빌리티 체계

이 2차 표준으로 JCSS의 마크를 붙일 수 있다. 그 후 일반 사용자의 표준과 연결시킬 수 있어 분석 혹은 측정에 제공된다. 많은 분석방법은 반드시 표준과 비교함으로써 측정값이나 분석값을 구할 수 있으므로 정확성은 각 표준을 통해 구할 수 있게 된다. 즉, 각 값에는 불확실도에 따라 연결시킬 수 있게 된다.

5.6 측정의 트레이서빌리티

5.6.1 일반

시험·교정 또는 샘플링 결과의 정확도 혹은 유효성에 중대한 영향을 가지는 모든 시험·교정용 설비는 보조적 측정용(예를 들면 환경조건의 측정용) 설비도 포함해 업무 사용에 도입하기 전에 교정할 것. 시험소·교정기관은 자신의 설비교정을 위한 확립된 프로그램 및 순서를 가질 것.

> 주기 이와 같은 프로그램은 측정 표준, 측정 표준으로서 이용하는 표준물질 및 시험 및 교정에 이용하는 측정설비 및 시험설비의 선정, 사용, 교정, 체크, 관리 및 보전을 위한 시스템을 포함하는 것이 바람직하다.

5.6.2 특정 요구사항

5.6.2.1 교정

5.6.2.1.1 교정기관에서는 설비교정을 위한 프로그램은 교정기관이 실시한 교정 및 측정이 국제단위계(이하 SI라고 한다)에 대해서 트레이서블한지 확실히 하도록 설계해 운용하면 교정기관은 자신의 측정표준 및 측정기기의 SI에 대한 트레이서빌리티를 표준 및 기기와 해당하는 SI단위의 1차 표준을 잇는 끊임없는 교정 또는 비교의 연쇄에 의해 확립하고 있다. SI단위에의 연결은 국가 계량표준에 대한 참조에 의해 달성될 것이다. 국가 계량표준은 SI단위의 1차 실현 또는 기초 물리정수에 근거하는 SI단위의 합의된 대푯값에 의한 1차 표준이거나 타국의 국가 계량기관에 의해 교정된 2차 표준이어도 괜찮다. 외부의 교정 서비스를 이용하는 경우에는 업무능력, 측정능력 및 트레이서빌리티를 실증할 수 있는 교정기관의 교정 서비스를 이용함으로써 측정의 트레이서빌리티를 확실히 할 것. 이들 기관이 발행하는 교정 증명서는 측정의 불확실도 및 또는 특정된 계량 사양 적합성의 표명을 포함해 측정 결과를 가진 것(5.10.4.2를 참조)

> 주기 1 이 규격의 요구사항을 만족하는 교정기관은 능력이 있다고 간주한다. 그 교정에 관해서 이 규격에 근거하는 인정을 받은 교정기관으로부터 발행되는 인정 로고가 첨부된 교정 증명서는 보고된 교정 데이터의 트레이서

빌리티의 충분한 증거이다.

주기 2 SI단위에의 트레이서빌리티는 적절한 1차 표준(VIM·1993. 6.4 참조)을 참조하든지, 또는 해당하는 SI단위에 의한 값이 알려져 있어 국제도량형총회(CGPM) 및 국제도량형위원회(CIPM)에 의해 추천되고 있는 자연정수를 참조함으로써 달성할 수 있다.

주기 3 스스로 1차 표준 또는 기초 물리정수에 근거하는 SI단위의 대푯값을 유지하는 교정기관은 이들 표준이 직접적 또는 간접적으로 국가 계량기관의 동종의 표준이라고 비교된 후에만 SI에의 트레이서빌리티를 주장할 수 있다

주기 4 '특정된 계량 사양'이라는 용어는 교정 증명서에 그 사양을 포함하든가 또는 사양의 명확한 인용을 나타냄으로써 측정이 어느 사양과 비교되었는지가 교정 증명서에 의해 명확하게 하지 않으면 안 되는 것을 의미하고 있다.

주기 5 트레이서빌리티와 관련해 '국제표준' 또는 '국가표준'는 용어가 사용되는 경우는 이러한 표준은 SI단위를 실현하기 위한 1차 표준의 특성을 만족하는 것으로 간주하고 있다

주기 6 국가계량 표준에의 트레이서빌리티는 반드시 그 교정기관이 소재하는 나라의 국가 계량기관의 이용을 필요로 하지 않는다.

주기 7 교정기관이 자국 이외의 국가 계량기관으로부터 트레이서빌리티를 얻기를 원하거나 필요로 하는 경우에는 그 교정기관은 직접 또는 지역 그룹을 통해 국제도량형국(BIPM)의 활동에 적극적으로 참가하고 있는 국가 계량기관을 선택하는 것이 바람직하다.

주기 8 연속적인 교정 또는 연쇄비교는 트레이서빌리티를 실증할 수 있는 다른 교정기관에서 행해진 몇 개의 단계에 의해 달성되는 경우도 있다.

5.6.2.1.2 현재 상태로서는 엄밀하게 SI단위에 의해 실시할 수 없는 어떤 종류의 교정이 존재한다. 이 경우에는 교정은 다음과 같은 적절한 측정표준에의 트레이서빌리티를 확립함으로써 측정에 신뢰를 주는 것.

- 물질을 신뢰할 수 있는 물리적 또는 화학적 특성을 주기 위해서 능력이 있는 공급자로부터 공급된 인증 표준물질의 사용
- 명확하게 기술되어 모든 관계자에 의해 합의되고 있는 규정된 방법 및 또는 합의 표준의 사용

가능한 경우, 적절한 시험소 간 비교 프로그램에 참가할 것이 요구된다.

5.6.2.2 시험

5.6.2.2.1 시험소에서는 시험결과의 불확실도 전체에 대한 교정의 기여분이 극히 적으면 확인되어 있지 않은 한 측정설비 및 측정기능을 이용하는 시험설비에 대해서 5.6.2.1에서 규정하는 요구사항이 적용된다. 이 상황에서 시험소는 사용하는 설비가 필요하게 되는 측정의 불확실도를 부여할 수 있음을 확실히 할 것

> 주기 5.6.2.1의 요구사항에 어느 정도까지 따라야 할 것인가는 전체의 불확실도에 대한 교정 불확실도의 기여 비율에 의존하고 있다. 교정이 주요 요인인 경우에는 요구사항에 엄밀하게 따르는 것이 바람직하다.

5.6.2.2.2 SI단위에의 트레이서빌리티가 불가능한 경우 및/또는 해당되지 않는 경우에는 교정기관에 대한 요구사항(5.6.2.1.2 참조)과 마찬가지로 예를 들어, 인증 표준물질, 합의된 방법 및/또는 합의 표준에의 트레이서빌리티가 요구된다.

규격의 5.6.2.1은 교정기관에 대한 요구사항이지만, 다음에 나타나는 5.6.2.2의 시험소에 대한 요구사항 안에 관련 항목이 기록되고 있으므로 참고 바란다. 시험소를 분석기관으로 치환하고, 분석자는 이 항목을 주의 깊게 이해해 주었으면 한다.

트레이서빌리티 체계에 대해 길이, 무게, 온도 등의 물리량 계측은 SI단위에의 트레이서빌리티가 요구되고 있는 것이 원칙이지만, 화학량을 요구하는 경우에는 엄밀하게는 SI단위에 결부되지 않는 경우가 있으므로 인증 표준물질의 사용이나 관계자의 합의에 의한 것도 인정하고 있다.

특히 트레이서빌리티가 잡히지 않는 관계자의 합의에 의한 표준물질에 준하는 시약의 사용에서는 JIS 혹은 JIS에 상당한 시약의 사용을 인정하고 있지만, 필요에 따라 순도 등의 값을 조사해 시험값의 보정을 실시하는 경우도 있다. 또 표준물질의 유지 확인을 위해 사용기간 중이라도 순서를 결정해 정기적으로 체크하는 것도 필요하고 오염이나 열화 방지책을 강구하는 것도 의무화되었다.

CHAPTER 7

5.6.3 참조표준 및 표준물질

5.6.3.1 참조표준

시험소·교정기관은 자신의 참조표준의 교정을 위한 프로그램 및 순서를 가질 것. 참조표준은 5.6.2.1에 규정된 트레이서빌리티를 부여할 수 있는 기관에 의해 교정되면 시험소·교정기관이 보유하는 참조표준은 교정 목적으로만 사용해 참조표준으로서의 기능이 무효가 되지 않음을 나타낼 수 있는 경우를 제외하고 그 외의 목적으로는 사용하지 않을 것. 참조 표준은 어떠한 조정 전에도 후에도 교정할 것.

5.6.3.2 표준물질

표준물질은 가능한 경우 SI단위 또는 인증 표준물질에 대해서 트레이서블할 것. 내부(internal) 표준물질은 기술적 및 경제적으로 실행 가능한 정도까지 체크할 것.

5.6.3.3 중간 체크

참조표준, 1차 표준, 중개 표준 또는 실용 표준 및 표준물질의 교정상태 신뢰를 유지하기 위해서 필요한 중간체크는 규정된 순서 및 스케줄에 따라 실시할 것.

5.6.3.4 수송 및 보관

시험소 교정기관은 참조표준 및 표준물질의 오염 또는 열화를 방지하고 그러한 완전성을 보호하기 위해 참조표준 및 표준물질의 안전한 취급, 수송, 보관 및 사용을 위한 순서를 가질 것.

> 주기 참조표준 및 표준물질을 시험, 교정 또는 샘플링을 위한 시험소·교정 기관의 항구 시설 이외의 장소에서 사용하는 경우에는 추가 순서가 필요한 경우가 있다.

[4] 측정의 불확실도

불확실도(uncertainty)는 측정결과에 부수한 합리적으로 측정량에 연결시킬 수 있는 값의 편차를 특정하는 파라미터이며, 표준편차(혹은 그 배수)나 어느 신뢰수준에서의 신뢰구간의 절반으로 나타나므로 이 폭 안에 참값이 포함된다는 의미도 가진다. 그러므로 분석의 방법, 분석 순서, 분석자의 숙련도, 분석기기, 시료의 형태 등에 의해 불확실도는 추측되므로 분석 신뢰성의 지표라고도 할 수 있다.

자세한 것은 p.164에 기록되어 있다. 일례로서, 구체적인 불확실도의 요인을 다음과 같이 기술한다.

- 측정 대상성분의 불완전한 정의(측정해야 할 분석 대상성분의 정확한 화학형태가 불명료)
- 샘플링 : 측정되는 시료가 벌크 전체를 대표하고 있지 않다든가, 샘플링 후에 변질해 버리는 등
- 목적성분의 불완전한 추출이나 농축
- 매트릭스 효과 및 간섭
- 샘플링 및 시료 조제 시의 오염
- 환경조건이 측정조작에 영향을 미치는 것을 모르거나 환경조건의 측정이 불충분
- 아날로그 계측기 판독의 개인 편차
- 중량 측정 및 용량 측정의 불확실도
- 장치의 분해능 또는 분별 역치
- 측정표준 및 표준물질의 표시값
- 기존의 상수 및 기타의 파라미터 값에 부수하는 불확실도
- 측정법 및 조작에 있어서 도입한 근사와 가정
- 랜덤한 편차

이상의 요인으로 인해 각각의 기여(불확실도의 성분)를 산출해 오차 전파법칙과 마찬가지로 각각의 불확실도 성분을 제곱하고, 제곱근을 산출해 그것을 종합적인 불확실도로 나타낸다.

또한, 신뢰수준이 되는 포함계수 k를 곱해 확장 불확실도를 구하는 경우가 있다. 대부분은 $k=2$(신뢰수준 : 약 95%)를 이용해 확장 불확실도 U(대문자)로 표시된다. 불확실도를 일으키는 요인은 많이 있지만, 실제로 기여하는 요인은 적으므로 주요한 요인을 파악하고 있으면 되는 경우도 있다.

그러나 한 번은 자신이 분석하는 방법의 불확실도를 상세하게 구해 둘 필요가 있다. 또, 일정한 조건을 정해 실시하는 시험(용출시험이나 COD 시험 등의 empirical test method 등)이나 동일한 샘플을 확보할 수 없기 때문에 반복분석을 하지 못하고 통계적 방법으로 불확실도를 구하는 것이 곤란한 시험에 대해서는 추정을 실시하지 않아도 되는 경우도 있다.

5.4.6 측정 불확실도의 추정

5.4.6.1 교정기관 또는 자신의 교정을 실시하는 시험소는 모든 교정 및 모든 형태의 교정에 대해 측정 불확실도를 추정하는 순서를 갖고 적용할 것.

5.4.6.2 시험소는 측정 불확실도를 추정하는 순서를 갖고 적용하는 것인 경우에는 시험방법의 성질부터 엄밀히 계량학적 및 통계학적으로 유효한 측정 불확실도를 계산할 수 없는 경우가 있다. 이러한 경우, 시험소는 적어도 불확실도의 모든 요인의 특정을 시도하고 합리적인 추정을 실시해 보고의 형태가 불확실도에 대해서 잘못한 인상을 주지 않는 것을 확실히 할 것. 합리적인 추정은 방법의 실시(performance)에 관한 지식 및 측정의 범위(scope)에 근거하는 것일 것. 예를 들면 이전의 경험 또는 타당성 확인의 데이터를 활용한 것일 것.

주기 1 측정 불확실도의 추정에 있어 필요하게 되는 엄밀함의 정도는 다음과 같은 요인으로 의존한다.

- 시험방법의 요구사항
- 고객의 요구사항
- 사양 적합성을 결정하는 근거로서의 좁은 한계값의 존재

주기 2 널리 인정된 시험방법이 측정 불확실도의 주요한 요인의 값에 한계를 정해 계산결과의 표현 형식을 규정하고 있는 경우에는 시험소는 그 시험방법 및 보고방법의 지시에 따름으로써 항목을 만족한다고 생각된다(5.10 참조).

5.4.6.3 측정 불확실도를 추정하는 경우에는 해당 상황에서 중요한 모든 불확실도의 성분을 적절한 분석방법을 이용해 고려할 것

주기 1 불확실도에 기여하는 근원에는 이용한 참조표준 및 표준물질, 이용한 방법 및 설비, 환경조건, 시험·교정되는 품목의 성질 및 상태 및 시험·교정 실시자가 포함되지만 반드시 이것들로 한정되지 않는다.

주기 2 예상되는 시험·교정품목의 장기의 거동은 통상 측정의 불확실도를 추정하는 경우에 고려하지 않는다.

주기 3 이 문제에 대해 더욱 정보를 얻으려면 JIS Z 8402 및 측정의 불확실도의 표현지침(GUM)을 참조한다(참고 문헌 참조).

🔹 3. 분석의 신뢰성 향상을 위해서

시험소 인정제도는 시험소, 즉 분석기관의 분석에 관한 매니지먼트 시스템과 분석기술에 대해서 신뢰성을 확보하기 위한 요구사항을 결정하고 있다.

이 제도는 분석기관이라는 조직에 대한 요구사항이 나타나 있지만, 분석을 실시하는 분석기술자 개개인이 ISO/IEC 17025 : 2005(JIS Q 17025 : 2005)의 규정에 기술되고 있는 각 항목을 이해하고 실행하면 자연적으로 분석의 품질은 높아져 분석의 향상으로 연결된다고 생각된다.

또 이 규격 내에서 요구하고 있는 사항의 상당수는 분석기술의 기본이라고도 할 수 있는 사항이므로 분석의 신뢰성 확보를 위해 분석화학의 기본을 끊임없이 확인한다면 분석의 신뢰성으로부터의 일탈은 그 만큼 커진다고는 생각되지 않는다. 즉, 분석에는 기술적 요인이 상당한 무게를 차지하고 있으므로 정기적으로 자신의 기능을 확인하는 마음가짐과 실행이 중요해지고, 또한 그 결과의 평가와 그 후의 처치가 기능을 높이게 된다.

이것이 품질관리 활동의 PDCA 사이클(P : Plan 계획, D : Do 실행, C : Check 평가, A : Action 개선)이고, 평소의 분석현장에 PDCA 사이클을 도입해 기능을 충분히 도입한다면 분석의 신뢰성은 높아질 것이다.

CHAPTER 7

참고문헌

1)　日本分析化学会編：「改訂五版 分析化学便覧」5 分析値の信頼性と統計処理，丸善

2)　JIS Q 17043：2010「適合性評価－技能試験に対する一般要求事項」，日本規格協会

3)　JIS Q 17025：2005「試験所及び校正機関の能力に関する一般要求事項」，日本規格協会

4)　日本分析化学会編：「分析所認定ガイドブック」，丸善，1999

5)　日本分析化学会編：「実用　分析所認定ガイドブック」，丸善，2000

6)　岩本威生：「2005 年版 ISO/IEC 17025 に基づく試験所品質システム構築の手引き」，日本規格協会，2006

7)　日置昭治：「分析値の不確かさとトレーサビリティ」，ぶんせき，p. 3，2001

8)　高田芳矩：「ISO/IEC 17025 と分析所の認定」，ぶんせき，p. 17，2002

9)　日本分析化学会編：「現場で役立つ化学分析の基礎」，オーム社，2006

8장

환경분석의 문제점과
향후 동향

8-1 ◆ 환경분석의 현황과 문제점

지금까지의 설명에서 전처리 및 각종 기기분석 방법에 따라 각종 환경매체 내의 금속원소를 분석하는 과정에서 분석결과의 진도나 정밀도를 열화시키는 다종다양한 요인(즉, 분석상의 주의점)이 존재하는 것이 명확해졌을 것이다.

이러한 여러 가지의 요인을 내포한 일련의 과정을 거쳐 행해지는 환경분석을 총체적으로 봤을 때 어떠한 특징이 있고, 어떠한 문제가 있는 것일까. 본 장에서는 대규모 환경분석 크로스체크의 결과를 해석함으로써 우리가 일상에서 하고 있는 실제 환경분석의 일반적인 현황을 개관하고 문제점을 추출하기로 한다.

❖ 1. 환경 측정분석 통일 정밀도 관리 조사

여기서 다루는 것은 환경성이 1975년부터 매년 행하고 있는 「환경 측정분석 통일 정밀도 관리조사」이다(이하, '통일 정밀도 조사'로 줄인다).

통일 정밀도 조사는 일본 전국의 자치체(도도부현, 시읍면) 및 민간 분석기관을 대상으로 해 균일한 각종 환경시료(물, 토양, 저질, 가스, 추출물 등)를 배포하고, 참가 기관은 그 시료의 일반항목(pH, COD 등), 중금속, 유기오염물질(농약, 휘발성 유기화합물, 방향족 탄화수소, 프탈산에스테르류 등), 다이옥신류 등의 분석을 실시해 분석값을 보고한다.

그 결과를 집계·해석한 것을 환경성이 공표한다. 환경시료의 종류나 측정 대상성분은 사회적인 요구 등에 대응해 매년 바뀐다. 측정 대상성분의 함유량은 미리 어떤 설정값 부근으로 조제하는 경우도 있지만, 조사용으로 샘플링해 온 환경시료에 포함되는 값(함유량은 미리 모른다)인 경우도 있다. 참가하는 기관수는 연도에 따라 또 측정 대상성분에 따라 변화하지만, 금속원소의 경우 최근 몇 년은 매년 대략적으로 300~400기관이 참가하고 있다.

과거 5년간의 조사 항목 가운데 금속 원소와 관련된 것을 표 8.1에 리스트했다. 과거 5년간 토양이 3회, 수질, 폐기물(하수 오니 소각재)이 각각 1회씩 대상이 되었다. 분석법에 대해서는 원칙적으로 공정법이 지정되고 있다.

토양, 폐기물에 대해서는 2003년도의 1mol/L 염산 추출법(토양오염 대책법의 함유량 시험법 : 환경성 고시 제4호)을 제외하고 모두 염산·질산에 의한 강산 분해법인 저질 조사법의 전처리법이 지정되었다. 2005년도의 수질시료는 JIS K 0102에 근거하는 전처리법이다(전처리법에 대해서는 2장 참조). 금속원소의 측정법은 원자흡광 분석법,

ICP 발광분광 분석법, ICP 질량 분석법, 흡광광도법 등이다. 통일 정밀도 조사는 현재 가장 일반적인 환경분석 공정법에 따라 일본 전국을 대상으로 한 대규모 상호검증이다.

표 8.1 환경성 환경 측정분석 통일 정밀도 관리조사 항목(금속원소만)

연도	시료	분석법	대상 금속원소
2002	토양	저질조사법	Cd, Pb, Hg
2003	토양	고시 제19호	Pb
2004	폐기물(하수 오니 소각재)	저질조사법	Cd, Pb, As
2005	모의 수질	JIS K 0102	Cd, Pb, As, B, Zn
2006	토양	저질조사법	Hg, As

❖ 2. 최근 5년간의 조사 결과 개략

표 8.2, 표 8.3에는 최근 5년간의 통일 정밀도 조사결과의 개략을 나타냈다

300~400개의 기관으로부터 보고된 값은 최초로 그럽스 검정에 의해 통계적인 극단치 값이 기각된다. 기각률은 연도에 따라 또 대상성분에 따라서 다르지만 1~15%까지 편차가 있다(표 8.2).

표 8.3에 나타낸 것은 극단치 기각 후의 산술 평균값(상단)과 그 산술 표준편차로부터 산출한 변동계수 [%]로 나타낸 실간 정밀도이다.

최근 5년간의 결과를 개관하면 아래와 같은 특징이 떠오른다.

① 2005년도 모의 수질의 실간 정밀도는 모든 성분이 10%대이다.

모의 수질 내 금속원소 농도는 환경 기준값을 의식해 ppb 단위로 꽤 낮게 설정되었다. 다른 연도는 토양 등 고형물 중 농도로서 수~수십mg/kg 단위이지만, 실제로는 이것을 분해 혹은 추출해 측정하고 있기 때문에 검액 내 대상 금속원소 농도는 대개 이 표의 1/100 정도 이하로 희석되고 있다고 생각된다.

그럼에도 불구하고 다른 연도와 비교해 2005년도 모의 수질 시료 내의 금속원소 농도는 낮다. 일반적으로는 농도가 낮을수록 실내 측정 정밀도도 떨어지고 나아가서는 실간 정밀도도 악화되기 쉽지만, 오히려 2005년도 성적은 다른 연도보다 우수했다.

과거 5년간 이 시료만 인공적 조제 시료로서 조제 농도를 미리 알고 있었지만, 조제 값과 보고값의 평균값의 일치도 매우 좋다.

이와 같이 진도, 정밀도 모두 뛰어난 성적인 것은 모의 수질 시료가 측정 대상성분 이외의 공존물질을 포함하지 않는 비교적 단순한 성질과 상태였기 때문이라고 생각된

표 8.2 과거 5년간 환경 측정분석 통일 정밀도 관리조사
참가 기관 수와 통계적 기각률

연도		Cd	Pb	Hg	As	B	Zn
2002	시험소 수	370	422	334			
	기각률 (%)	15.1	3.8	6.3			
2003	시험소 수		415				
	기각률 (%)		4.3				
2004	시험소 수	441	439		404		
	기각률 (%)	6.1	2.3		1.5		
2005	시험소 수	431	423		378	366	377
	기각률 (%)	3.0	4.3		2.1	12.0	5.0
2006	시험소 수			367	370		
	기각률 (%)			3.3	1.1		

기각률은 참가 시험소 수에서 차지하는 그럽스 검정에 의한 기각 시험소 수의 비율이
다. 그럽스 검정으로 기각된 기관 이외에도 회답 기준을 채우지 않은(반복 횟수가 부
족하다거나 ND로 보고한 등) 것은 별도 제외된다.

표 8.3 과거 5년간 환경 측정분석 통일 정밀도 관리조사의 상호검증 결과
(상단, 평균값; 하단, 실간 정밀도)[*1]

연도	단위	Cd	Pb	Hg	As	B	Zn
2002	mg/kg	0.183	16.6	0.0483			
	%	34.4	14.4	21.1			
2003	mg/kg		28.8				
	%		17.1				
2004	mg/kg	5.00	164		16.0		
	%	12.4	19.9		32.8		
2005	mg/L	0.00271	0.00981		0.00328	0.0655	0.0265
	mg/L	(0.0028)	(0.0096)		(0.0034)	(0.068)	(0.026)
	%	13.5	13.0		19.2	9.9	12.7
2006	mg/kg			0.0583	4.27		
	%			20.2	26.2		

*1 평균값, 실간 정밀도는 참가 시험소로부터의 보고값으로부터 통계적인 극단값을 기각한
후 보고값의 산술 평균값 및 (산술 표준편차/산술 평균값)×100(%)를 나타냈다.
*2 중간단의 괄호 안 농도는 조제값

다. 그런데도 이 결과는 현재 일본 환경분석의 기초적인 힘이 우수하다는 것을 나타내는 것이라고 해도 좋다.

② 금속원소에 따라 실간 정밀도가 다르다.

납(Pb)은 거의 매년 대상항목이 되고 있어 토양, 폐기물, 물 등 시료와 농도에 일관되게 10%대의 실간 정밀도이다. 이 결과로부터도 일본 Pb의 환경분석은 높은 수준임을 알 수 있다.

2004년도의 폐기물 중 Pb는 농도가 164mg/kg로 높았음에도 불구하고 실간 정밀도가 가장 나빴다. 원인은 이 시료가 특히 다량의 공존원소를 포함하고 있던 것과 무관하지 않다고 생각된다.

카드뮴(Cd)도 2002년도를 제외하면 거의 Pb와 같이 안정되어 10%대의 실간 정밀도를 나타내는 경향이 있다. 2002년도는 Cd 농도가 낮고, 분광 간섭이 크게 효과가 있었던 것이 실간 정밀도가 뒤떨어진 원인이라고 생각된다.

한편, 비소(As)의 실간 정밀도는 시료에 관계없이 매년 그 해의 금속원소 중에서 가장 나쁘다. 통계적인 기각률(표 8.2)은 1~2%로 낮은 수준이지만 이것은 실간 정밀도가 나쁘기 때문에 다소의 극단값으로는 통계적으로 기각되지 않는다는 사정에 의한다. 수은(Hg)의 실간 정밀도도 20%로 별로 양호하지 않다.

❖ 3. 금속원소별 상세 해석

Cd, Pb, As 등 환경분석에 있어 가장 기본적인 금속원소별 통일 정밀도 조사의 결과를 자세하게 해석한 결과를 나타낸다.

[1] Cd

2002년도의 토양 Cd는 실간 정밀도가 34.4%로 뒤떨어져 있었지만(표 8.3) 그와 동시에 그럽스 검정에 의한 기각률도 15%로 돌출되었다(표 8.2) 이 기각률의 내역을 보면, 총 기각 시험소 수 56개 가운데 ICP 발광분광 분석법이 41개 시험소(73%)로 매우 큰 비율을 차지하고 있었다.

93개 시험소가 ICP 발광분광 분석법에 따르는 Cd분석값을 보고했으므로 ICP 발광분광 분석법 중에서의 기각률은 44%(41⁄93)인 셈이 된다. 표 8.4에 측정에 사용한 파장과 기각률을 나타냈다. 보고 수가 하나밖에 없었던 220.353nm는 제외하고 생각해 가장 기각률이 높았던 파장 226.502nm(53%)와 비교하면 JIS K 0102에서 규정하는 파장인 214.438nm에서는 기각이 대체로 줄어들어 13%, 가장 기각이 적은 것이 228.802nm였다.

측정파장 선택이 극단값이 생기기 쉽다는 것에 큰 영향을 갖고 있음을 알 수 있다. 이것은 4장에서도 지적되고 있듯이 토양의 매트릭스인 철(Fe)로부터의 분광학적 간섭에 의해 Cd의 정량에 부적합한 파장인 226.502nm를 사용한 시험소로부터의 보고값이 큰 쪽으로 빗나가 기각된 것을 의미하고 있다.

또 JIS K 0102에서 규정하고 있는 파장에서도 Fe로부터의 분광학적 간섭이 다소나마 있으므로 Fe와 Cd의 존재도가 어느 정도일 때에 간섭이 문제가 되는지를 파악해 두어 Fe의 수준에 따라서는 다른 파장을 선택할 필요가 있다.

한편, 같이 공존하는 Fe의 농도가 높았다고 생각되는 2004년도의 폐기물에 대해 이러한 문제는 생기지 않았지만, 이것은 2004년도 시료 중 Cd 농도가 30배 정도 높았던 (5mg/kg) 것과 무관하지는 않을 것이다.

표 8.4 ICP 발광분광 분석법에 의한 토양 Cd 분석 상호검증에서의 파장 선택과 극단값에 의한 기각 비율

	214.438nm	220.353nm	226.502nm	228.802nm
시험소 수	46	1	18	48
기각 시험소 수	6	1	8	1
기각률 [%]	13	100	53	2

[2] Pb

전술한 바와 같이 Pb는 어느 연도나 실간 정밀도가 안정되어 있지만, 2004년도의 폐기물만 높은 농도 수준에 비해 실간 정밀도가 좋지 않았다(19.9%, 표 8.3). 그림 8.1에 2004년도의 모의 수질 결과와 함께, 측정 방법별 Pb 농도 보고값 평균값을 나타냈다.

이 그림의 세로축은 총 평균값에 대한 각 측정법 평균값의 상대값으로 나타낸 것이다.

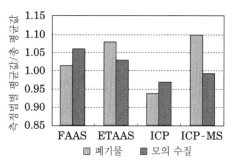

그림 8.1 측정법에 따른 Pb 분석값의 비교

이 그림에서도 알 수 있듯이, 모의 수질에서는 측정법 사이의 차이는 적다. 모든 측정법의 평균값이 총 평균값의 ±5% 범위에 들어가 있다. 한편 폐기물에서는 측정법마다 차이가 크다.

통계적인 해석에 의하면 ICP 발광분광 분석법(ICP)의 평균값은 플레임 원자흡광 분석법(FAAS), 전기가열 원자흡광 분석법(ETAAS), ICP 질량 분석법(ICP-MS) 각각의 평균값보다 의미 있게 낮은 값이고, ICP 질량 분석법은 플레임 원자흡광 분석법보다 의미 있게 높은 값이었다. ICP 발광분광 분석법은 다른 측정법보다 낮은 값이며, 게다가 ICP 발광분광 분석법을 이용한 시험소 수가 많기(128/429=30%) 때문에 실간 정밀도 악화에 대한 기여가 컸던 것이라고 생각된다.

ICP 발광분광 분석법을 사용한 시험소가 왜 계통적으로 낮은 값을 보고했는지, 현시점에서는 아직 명확하지 않다.

모의 수질에서도 통계적으로 의미가 없지만, 다른 측정법보다 약간 낮은 값이지만 폐기물 쪽이 보다 현저하다는 것을 볼 때 공존물로부터의 영향에 따른 가능성을 부정할 수 없다.

토양이나 폐기물 등의 Pb 분석을 ICP 발광분광 분석법으로 실시하려면 이러한 일이 일어날 가능성을 고려해 각종 간섭 보정법 가운데 가장 적절한 것을 선택해 보정의 효과를 검증하면서 신중하게 분석을 진행시킬 필요가 있다.

[3] As

As의 실간 정밀도는 다른 금속원소의 실간 정밀도와 비교해 매회 가장 나쁘다. 2004년도는 32.8%로 다이옥신류 분석의 실간 정밀도에 비해서도 뒤떨어지는 결과였다. 2004년도의 폐기물 분석 시에는 각 시험소는 3회의 병행분석을 실시하게 되어 있어 As에 대해서도 각 시험소로부터 3개의 분석값이 보고되고 있다.

시험소(합계 398개 시험소)마다 이 3개 분석값의 평균값을 취해 얻어진 398개의 평균값 격차가 32.8%이었던 것을 나타낸다. 한편 각 시험소의 실내 병행 분석 정밀도를 3회 병행분석의 변동계수로 나타내면 실제로 50%의 시험소가 2% 이하, 30%가 2% 이상 5% 이하의 변동계수였다(그림 8.2). 즉 전체 80%의 시험소가 5% 이하의 병행 분석

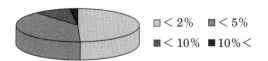

■ < 2%　■ < 5%
■ < 10%　■ 10% <

그림 8.2 폐기물의 As 분석에서 시험소 내 병행 정밀도의 분포

정밀도였다.

또한 같은 연도의 Cd에 대해 실내 정밀도가 5% 이하였던 것은 전체 414개 시험소의 90%, Pb는 429개 시험소의 80%였다. 5%의 변동계수라고 하는 것은 일반적으로 말하면 충분히 허용할 수 있는 정밀도이다. 각 시험소 내의 분석 정밀도는 Cd나 Pb와 같이 꽤 만족할 수 있는 결과였음에도 불구하고 전체적으로 보았을 때의 실간 정밀도가 나빴던 것은 각 시험소로부터의 보고값이 편향되었기 때문이다. 즉 폐기물 시료의 As 분석 정밀도는 좋지만, 진도가 뒤떨어지는 결과가 다수 보고되었던 것이 실간 정밀도를 악화시킨 원인이다.

그림 8.3에는 2004년도의 폐기물과 2005년도의 모의 수질 보고값(극단값 기각 후)의 막대 그래프를 비교해 나타냈다. 2005년도는 거의 정규분포에 가까운 분포이지만, 2004년도는 낮은 값 방향으로 치우쳐 분포되어 있는 것을 알 수 있다. 즉, 낮은 값 방향으로 치우친 값이 다수 보고되었기 때문에 실간 정밀도가 33%로 뒤떨어졌다고 생각된다.

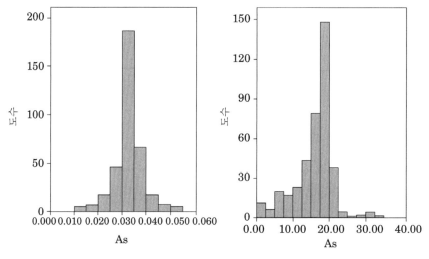

그림 8.3 모의 수질(왼쪽), 폐기물(오른쪽)의 Ad 분석값 히스토그램

As 분석의 실간 정밀도 및 진도가 뒤떨어지는 원인은 분석법에 있다고 생각된다. As의 분석에는 대부분의 시험소가 공정법인 수소화물 발생-원자흡광 분석법(HGAAS)이나 수소화물 발생-ICP 발광분광 분석법(HGICP)을 사용하고 있다.

수소화물 발생법의 순서 흐름은 시료를 산분해해 일단 모든 As를 As(V)까지 산화한 후, 그것을 요오드화칼륨 등의 환원제에 의해 As(Ⅲ)로 환원한(예비환원) 후 다시 테트라히드로 붕산나트륨 등의 환원제로 AsH_3로 환원해 가스상 수소화물을 발생시켜 검출한다.

이 과정에서 예비환원이 매우 중요하다는 것을 알 수 있다. 예비환원이 불충분하면 AsH_3의 발생효율이 저하해 시료 내의 일부 As가 검출기까지 옮겨지지 않고 끝나 결과적으로 낮은 분석값을 얻을 가능성이 있다. 게다가 시료 내에 Fe나 구리(Cu), 니켈(Ni) 등이 공존하면 예비환원의 효율이 나빠져 AsH_3 발생효율이 더욱 저하해 더 낮은 분석값을 얻을 수 있는 것으로 생각된다.

그림 8.4는 2004년도 폐기물, 2005년도 모의 수질, 2006년도 토양의 HGAAS에 의한 보고값에 대해 JIS대로 요오화칼륨만으로 예비환원해 얻을 수 있던 보고값과 다른 예비환원 방법에 따르는 값을 비교한 것이다. 폐기물, 토양에 대해서는 요오드화칼륨과 아스코르빈산을 병용해 환원력이 더 강한 환원제로 했을 경우 요오드화칼륨 단독보다 약 10% 높은 분석값을 얻을 수 있지만 모의 수질에서는 아스코르빈산 병용효과는 안 보인다. 예비환원을 실시하지 않았던 경우는 모의 수질, 토양과도 20% 정도 낮은 값이 되었다.

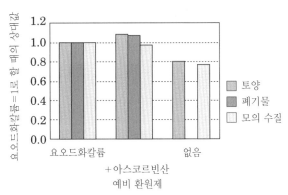

그림 8.4 As 분석에서 예비환원제와 분석값의 관계
폐기물의 '예비 환원제 없음'은 시험소 수가 적기 때문에 삭제되어 있다.

이상과 같이 보다 환원력이 강한 예비환원제의 사용에 의해 높은 As 분석값을 얻을 수 있다고 하는 것. 또, 그것은 공존 매트릭스가 많은 시료에 대해서만 볼 수 있다는 것은 공존 매트릭스가 예비환원을 억제하기 때문에 요오드화칼륨 단독으로는 환원력이 부족해 낮은 분석값을 얻을 수 있는 경우가 있다는 것을 실제 환경분석 데이터가 가리키고 있다.

이것이 그림 8.3의 낮은 값 방향으로 가장자리를 당기는 분포의 원인이며, 표 8.3에 나타낸 것처럼 실간 정밀도가 뒤떨어지는 원인이다. 요오드화칼륨 단독으로 예비환원하는 경우에는 JIS K 0102에서 언급되고 있는 조건보다 높은 요오드화칼륨 농도나 긴 반응시간 등 예비환원 조건을 다소 바꾸어 최적화하는 편이 좋은 경우가 있다고 보고 되고 있다.

❖ 4. 환경분석의 문제점-정밀도의 평가

3항에서 싱세하게 살펴본 것처럼, 환경 시료 내에서도 폐기물이나 토양 등 공존 매트릭스가 많은 시료 분석의 경우에는 매트릭스로부터의 분광학적 간섭, 화학 간섭 등에 의해 분석의 정밀도가 뒤떨어지는 경우를 많이 볼 수 있다.

분석 정밀도는 같은 시료를 반복 분석함으로써 비교적 간단하게 자기 평가가 가능하다. 같은 시료를 반복 분석할 때마다 그 결과가 크게 차이가 났을 경우에 그 값을 신뢰할 수 있다고 생각하는 사람은 없기 때문에 그러한 데이터가 시험소로부터 나가는 경우는 없다.

실제로 통일 정밀도 조사에서도 금속원소에 의하지 않고 80% 이상 시험소의 실내 정밀도는 5% 미만이었다(예 : 그림 8.2). 그런데 분석의 진도를 평가하는 것은 용이하지 않다. 원래 우리는 '참값'을 알 수 없으므로 곤란한 것은 틀림없다. 환경분석의 문제점으로서 들지 않으면 안 되는 것이 이 정밀도 평가를 실시하는 체제가 갖추어지지 않은 것이다.

그 때문에 매트릭스의 영향으로 크게 치우친 분석값이라도 병행 정밀도가 좋다(매트릭스가 일정하면 간섭에 의한 영향도 일정하므로 분석값의 정밀도는 악화되지 않는다)는 점만을 근거로 해, 분석자가 눈치 채지 못한 채 보고되어 버리는 것이다. 3항의 [1], [3]에 든 것 같은 예가 확실히 이것에 해당한다.

현재의 일반석인 인식에서는 공성법, JIS법 등에 충실히 따라서 분식을 실시하면 진도는 담보된다는 것이다.

물론 공정법, JIS법 등은 미리 정밀도나 진도의 평가가 이루어진 분석법이기 때문에 원칙적으로 올바르다. 그러나 환경분석에서는 대상시료의 조성이 매우 다종다양하다는 특징이 있다. 한편으로 공정법이나 JIS법에서 일일이 세세한 지시를 하지는 않는다.

때로는 경험이나 지식 등에 기초를 두는 분석자의 전문적 판단에 맡겨야 한다.

예를 들면 JIS K 0102의 전처리에서는 질산·과염소산 분해는 '산화되기 어려운 유기물을 포함한 시료에 이용한다'고 기재되어 있지만 산화되기 어려운 유기물이란 어떤 유기물로 그 만큼의 농도로 포함되는 경우인가, 또 어떠한 환경수 시료가 해당하는지, 어떻게 분별하는지 등 모든 지침은 주어지지 않았다.

이런 종류의 기술은 환경분석에 관한 경험이나 지식이 충분하지 않은 분석자가 공정법, JIS법에 충실히 따라서 분석하겠다는 생각이 있더라도 실제로는 충분하지 않고 진도가 뒤떨어지는 일이 일어날 수 있다.

따라서 공정법, JIS법에 따라 분석을 할 뿐만 아니라, 별도 분석의 진도에 대해 각 시험소, 분석자가 검증해 나갈 필요가 있다.

통상 진도를 평가하려면 다음의 방법이 취해진다.
① 동일 시험소 내에서 원리가 다른 2개 이상의 측정법으로 분석해 결과가 일치하는지를 확인한다.
② 같은 시료에 대해 다른 복수의 시험소에서 분석해 결과가 일치하는지를 확인한다.
③ 균일 시료를 이용한 기능시험, 크로스체크 등에 참가한다.
④ 시료와 유사한 매트릭스도 인증 표준물질(CRM : Certified Reference Material을 분석해 분석값이 인증값과 일치하는지를 확인한다.

①과 ②는 시료마다 실시할 수가 있는 평가법이며 특히 중요한 시료에 대해 신뢰성 높은 데이터를 제공할 필요가 있는 경우 등에 이용할 수 있다

①은 진도를 열화시키는 요인으로서 측정법의 간섭을 상정한 것으로 원자흡광 분석법과 ICP 발광분광 분석법, ICP 발광분광 분석법과 ICP 질량 분석법 등 원리가 다른 측정법이라면 간섭의 유무도 다를 것이므로 값이 일치하면 간섭은 없는 것이 된다. 측정법 뿐만 아니라 장치교정에 이용하는 표준액이나 분석자도 다르면 더욱 더 진도의 평가법으로서는 확실한 방법이다.

②는 각 시험소에서 이용되는 측정법이 제각각이면 ①과 같은 효과가 있다. 시험소 내에 복수의 측정장치가 없는 경우 등에 적합하다.

다만, 이용되는 분석법이 모든 시험소에서 같은 경우에는 그 측정법이 가지는 바이어스에 의해 진도가 손상되어 있다고 해도 그것을 검지할 수 없다. 또 이러한 시험소 사이의 네트워크가 필요하게 된다.

③과 ④는 특정 시료라기보다는 하천수, 토양, 저질 등 환경매체마다 대표적인 시료를 사용해 분석자가 이용하고 있는 분석법 자체의 진도를 평가하게 된다. ③은 ②를 더 일반화한 것이라고 파악할 수 있다. 최근 이런 종류의 기능시험·상호검증이 증가해 참가할 기회도 많아지고 있다.

본 장에서 예로 든 통일 정밀도 조사도 확실히 이 카테고리에 속한다. 이런 종류의 분석법 진도평가에서는 상호검증 등의 결과, 자신의 보고값에 편향이 발견되었을 경우

에는 그 원인을 추궁해 분석법의 개선을 꾀하는 것이 필수이고, 단지 참가했기 때문에 진도가 검증되었다고 생각하는 것이 분명 잘못됐다. 또, 가능한 한 다종다양한 매트릭스의 시료에 의한 시험에 참가하는 것이 불가결하다.

④는 일본에서는 (사)일본분석화학회, (독)국립환경연구소, (독)산업기술종합연구소 등 국외에서는 National Institute of Standard and Technology(NIST, 미국), Community Bureau of Reference(BCR, EU) 등이 빈포하고 있는 각종 환경 CRM를 이용하는 것이다.

표 8.5에 일본의 기관이 발표한 있는 환경 CRM를 일람했다. 환경 CRM은 환경수, 토양, 저질, 폐기물, 생물 등 각종 환경매체로부터 조제된 균일한 시료로, 그중 특정성분(금속원소 등)의 농도가 불확실도 폭과 함께 인증되어 있다. 예를 들면 토양을 분석하는 경우 토양 CRM을 미지 시료와 함께 전처리하고 측정해 그 결과를 인증값과 비교해 일치하면 동시에 전처리·측정한 미지시료의 분석값 진도도 확보된 것이라고 생각한다.

표 8.5 일본의 금속원소 분석용 환경인증 표준물질

배포기관	명칭	내용	인증 대상원소
일본분석 화학회	JSAC 0401 JSAC 0411	토양(첨가) 토양(무첨가)	Cd, Pb, Cr, As, Se, Be, Cu, Zn, Ni, Mn, V, Cr (VI)
	JSAC 0402 JSAC 0403	토양(높은 레벨) 토양(낮은 레벨) 1몰 염산함유량 시험용	Cd, Pb, As, T-Cr, Se, Cu, Zn, Ni, Mn, V, Hg, B, F
	JSAC 0301-2 JSAC 0302	하천수(무첨가) 하천수(첨가)	Pb, Cr, Cd, Se, As, Cu, Fe, Mn, Zn, B, Al, Ba, Mo, U, Ni, Be, K, Na, Mg, Ca
국립환경 연구소	NIES CRM No.3	크롤레라	K, Ca, Mg, Fe, Mn, Sr, Zn, Cu, Co
	NIES CRM No.8	자동차 배기업자	Ca, Al, Na, K, Zn, Mg, Pb, Sr, Cu, Cr, Ni, V, Sb, Co, As, Cd
	NIES CRM No.9	모자반	K, Na, Ca, Mg, Sr, Fe, As, Rb, Mn, Zn, Cu, Pb, V, Ag, Cd, Co
	NIES CRM No.10	현미분말(Cd 저, 중, 고 레벨 3개)	P, K, Mg, Ca, Mn, Zn, Fe, Na, Rb, Cu, Mo, Ni, Cd
	NIES CRM No.11	어육 분말	Sn, 트리부틸주석

표 8.5 계속

배포기관	명칭	내용	인증 대상원소
국립환경 연구소	NIES CRM No.12	바다 퇴적물	Sn, 트리메틸주석
	NIES CRM No.13	두발	Hg, Hg, Cd, Cu, Pb, Sb, Se, Zn
	NIES CRM No.18	사람 소변	As, 알세노베타인, 디메틸아르신산, Se, Zn
	NIES CRM No.22	이석(耳石)	Na, Mg, K, Ca, Sr, Ba
	NIES CRM No.27	식사	Ca, K, Na, As, Ba, Cd, Cu, Mg, Mn, Se, Sn, Sr, Zn, U
산업기술 종합연구소	NMIJ CRM 7201-a NMIJ CRM 7202-a	하천수(무첨가) 하천수(첨가)	Al, Sb, As, Ba, B, Cd, Cr, Cu, Fe, Pb, Mn, Mo, Ni, Zn, Na, K, Mg, Ca
	NMIJ CRM 7301-a	바다 퇴적물	유기주석 3종
	NMIJ CRM 7302-a	바다 퇴적물	Sb, As, Cd, Cr, Co, Cu, Pb, Hg, Mo, Ni, Se, Ag, Sn, Zn
	NMIJ CRM7303-a	호수 퇴적물	Sb, As, Cd, Cr, Co, Cu, Pb, Hg, Mo, Ni, Se, Ag, Sn, Zn
	NMIJ CRM 7306-a	바다 퇴적물	유기주석 5종
	NMIJ CRM 7402-a	대구어육 분말	Cr, Mn, Fe, Ni, Cu, Zn, As, Se, Hg, Na, Mg, K, Ca 알세노베타인, 메틸 Hg

이상의 내용을 정리하면, 환경분석에서는 공존 매트릭스에 의한 각종 간섭에 따라 분석값의 진도가 저하하는 경우가 많지만, 각 시험소에서 진도를 평가하는 체제가 갖추어져 있지 않기 때문에 분석값이 치우쳐 있는 것을 알 수 없는 경우가 많은 것이 최대의 문제이다. 향후에는 공동분석, 기능시험, 환경 CRM 등을 활용해 분석의 진도평가에 중점을 둘 필요가 있다.

8-2 ◆환경분석의 향후

환경분석은 향후 분석해야 할 대상성분이 더욱 다양해지고, 또 분석해야 할 농도 수준은 더욱 더 낮아질 것으로 생각된다.

❖ 1. 분석 대상성분의 다양화

현재 환경기준은 수십 종류의 화학물질에 대해서 설정되어 있지만(1장 참조), 우리가 사용하고 있는 화학물질은 합계하면 수십만 종류 내지는 수백만 종류여서 그 모든 독성을 명확하게 알고 있는 것은 아니다. 규제해야 할 화학물질은 그 밖에도 다수 있을 것으로 추정된다.

그 때문에 환경기준과 관련해서도 1장에서도 말한 것처럼 수질에서는 환경기준 항목(27물질), 요점 감시항목(27물질) 외 300종류의 화학물질이 요점 조사항목으로서 분석법의 정비와 과학적 지식 축적을 위한 환경분석을 하고 있다. 300의 화학물질군은 각각 단독으로는 수질환경 경계 리스크가 크다고는 생각할 수 없을까? 리스크의 크기는 불분명하지만, 환경 안에서의 검출상황이나 복합영향 등의 관점으로부터 보아 향후의 지식 축적이 필요한 물질군으로 자리매김하고 있다. 대기에서도 234의 화학물질이 유해 대기오염물질로 리스트업되어 있다.

이것들은 환경기준 항목과는 달리 현 시점에서는 대기나 수질 감시가 의무화된 것은 아니지만, 향후에는 감시가 의무화된 화학물질의 수는 증가하지 줄어들지는 않을 것으로 생각된다. 이와 같이 환경분석의 대상성분이 다양화할 것으로 예상된다.

❖ 2. 분석 대상성분의 저농도화

화학물질이 생체 및 생태에 미치는 영향에 관심이 높아져 화학물질의 심사 및 제조 등의 규제에 관한 법률(화심법), PRTR법(Pollutant Release and Transfer Register, 특정 화학물질의 환경 배출량 파악 등 및 관리 개선의 촉진에 관한 법률) 등 사람의 건강이나 생태계의 보전에 있어 유해한 환경오염을 방지하기 위한 각종 법률이 정비되고 있는 현재에 와서는 향후 발견될 화학물질에 의한 환경오염은 한때의 공해·광해(광물의 채굴로 인한 피해)와 같이 높은 오염 수준은 아니고 낮은 농도 수준이 될 것임에 틀림없다.

원래 독성학, 생태 독성학 분야에서의 화학물질의 생체·생태 영향에 관한 연구는 높은 수준의 폭로에 의한 급성 독성은 아니고, 낮은 농도 수준의 장기폭로에 의한 만성적

영향의 해명이 중심이다. 예를 들면, 다이옥신류의 생식 영향은 체중 1kg당 수십 ng 단위의 몸부하량으로 일어난다.

또, 트리부틸주석 등 유기주석이 조개류 생식기에 미치는 영향은 해수 중 1ppt 수준에서 일어나는 것도 알려져 있다. 즉, 향후 더 낮은 환경오염 수준의 장기폭로에 의한 생체·생태 영향이 기준 설정의 근거가 될 것이다.

또 최근에는 사람의 건강 보호뿐만 아니라, 생태계의 보전을 목적으로 화학물질을 관리하게 되었다. 2003년의 화심법의 개정은 그 전형적인 예이다.

한때의 화심법에서 규제대상이 되는 화학물질은 "난분해성의 성질과 상태를 가졌고, 사람의 건강을 해칠 우려가 있는 화학물질"이었지만, 개정한 심의법에서는 "난분해성 성질과 상태를 가졌고 사람의 건강을 해칠 우려 또는 동식물의 생식 혹은 생육에 지장을 미칠 우려가 있는 화학물질"로 확대해 생태계의 보전도 사람의 건강 보호와 함께 큰 목적이 되고 있다. 환경기준의 책정도 이 흐름에 따르도록 변화해 오고 있다.

2003년의 수질 환경기준·생활환경 항목에 아연(Zn)의 추가된 것이 이 예이다. 수도 수질기준에서는 '성질과 상태에 관한 항목'으로서 Zn이 다루어져 기준값은 1mg/L이다. 그런데 어떤 종류의 어류에는 그것보다 좀 더 낮은 농도에서 독성을 나타낼 수 있기 때문에 환경 수질기준값은 수역에 따라 0.01~0.03mg/L로 설정되었다(표 1.2). Cd도 환경 수질기준값(0.01mg/L)보다 몇 단위 낮은 농도로 독성이 나타나는 어류가 있다는 것이 알려져 있다.

이와 같이 생태계 보전까지 시야를 넓히면 반드시 사람이 화학물질의 독성에 대해 가장 민감한 것은 아니기 때문에 사람 및 여러 가지 생물 가운데 가장 독성에 민감한 종의 폭로 수준이 기준값 책정의 근거로 여겨지게 될 것이다.

이와 같이 향후는 기준값 책정 근거가 저농도화할 것이지만 생체·생태 영향을 방지하려면 안전을 고려하여 기준값은 최소 독성량의 1/100 혹은 1/1000로 설정하는 것이 현재의 일반적인 위기관리 방법이다. 따라서 기준값 자체는 무독성량 보다 한층 낮은 수준으로 설정되는 것이 상식이다.

현재의 기준값을 개관하면 다이옥신류는 예외로 하고 수십 ppb(μg/L) 단위가 주류이지만, 향후의 기준값에는 ppt, ppq 수준의 종이 더 많이 출현하게 될 것이다.

◆ 3. 환경분석의 향후

그러나 분석기술도 진화하고 있어 ICP 발광분광 분석법, ICP 질량 분석법, GC 질량 분석법, LC 질량 분석법 등 현재 환경 분석의 주류가 되고 있는 각종 기기분석 방법은 앞으로의 환경분석에 요구되는 고감도·다성분 동시분석을 가능하게 하는 비장의 카드일 것이다.

문제는 다성분화·고감도화에 따라 증대하는 환경분석의 인적·시간적·경제적 비용이다. 기기분석 방법에 따르는 다성분·고감도 분석의 전 단계로서 스크리닝적으로 오염 유무를 판정하기 위한 간이 분석방법이나 온사이트 분석방법의 발전에 의해 환경분석 비용을 삭감하는 것이 가능하게 될 것이다. 또 바이오어세이에 의한 화학물질 측이 아니라 생체 측의 영향을 측정하는 수법으로부터의 접근도 불가결하다.

이 방법은 화학물질의 선택성이라고 하는 점에서는 뒤떨어지지만, 잠재적으로 극히 고감도인 영향 검출방법이므로 화학물질의 복합영향 평가에도 유용하다. 바이오어세이에 의해 어떤 환경매체가 어떤 종의 생체 영향을 가지는 것이 판명되었을 경우에 정밀한 기기분석 방법으로 그 영향의 주체가 되는 화학물질을 특정해 정량하는 접근이 가장 효과적일 것이다.

찾아보기

|찾아보기|

현장에서 **필요한**

환경 분석의 기초

2023. 5. 3. 초 판 1쇄 인쇄
2023. 5. 10. 초 판 1쇄 발행

감역자 │ 히라이 쇼지
편저자 │ 사단법인 일본분석화학회
감역 │ 박성복
옮긴이 │ 오승호
펴낸이 │ 이종춘
펴낸곳 │ **BM** (주)도서출판 **성안당**
주소 │ 04032 서울시 마포구 양화로 127 첨단빌딩 3층(출판기획 R&D 센터)
│ 10881 경기도 파주시 문발로 112 파주 출판 문화도시(제작 및 물류)
전화 │ 02) 3142-0036
│ 031) 950-6300
팩스 │ 031) 955-0510
등록 │ 1973. 2. 1. 제406-2005-000046호
출판사 홈페이지 │ **www.cyber.co.kr**
ISBN │ 978-89-315-5772-5 (13430)
정가 │ 28,000원

이 책을 만든 사람들
책임 │ 최옥현
교정·교열 │ 이태원
전산편집 │ 김인환
표지 디자인 │ 박원석
홍보 │ 김계향, 유미나, 이준영, 정단비
국제부 │ 이선민, 조혜란
마케팅 │ 구본철, 차정욱, 오영일, 나진호, 강호묵
마케팅 지원 │ 장상범
제작 │ 김유석

■ 도서 A/S 안내

성안당에서 발행하는 모든 도서는 저자와 출판사, 그리고 독자가 함께 만들어 나갑니다.
좋은 책을 펴내기 위해 많은 노력을 기울이고 있습니다. 혹시라도 내용상의 오류나 오탈자 등이 발견되면 **"좋은 책은 나라의 보배"**로서 우리 모두가 함께 만들어 간다는 마음으로 연락주시기 바랍니다. 수정 보완하여 더 나은 책이 되도록 최선을 다하겠습니다.
성안당은 늘 독자 여러분들의 소중한 의견을 기다리고 있습니다. 좋은 의견을 보내주시는 분께는 성안당 쇼핑몰의 포인트(3,000포인트)를 적립해 드립니다.
잘못 만들어진 책이나 부록 등이 파손된 경우에는 교환해 드립니다.